지상의 생명은 서로 연결된 거대한 문장이다.

식물은 그 문장을 써 내려가는 조용한 작가이고,

곰팡이와 세균은 그 문장을 완성시키는 편집자이다.

이일하

식물의 시간은 천천히 흐른다

식물의 시간은 천천히 흐른다

이알하 교수의 아주 특별한 식물학 에세이

이알하 지음

초봄책방

식물의 시간은 천천히 흐른다

식물의 세계를 이해하기란 쉽지 않다. 우리가 사는 시간의 속도와 그들이 사는 시간의 속도가 다르기 때문이다.

인간의 감각은 빠른 움직임에는 예민하지만, 느린 변화에는 둔감하다. 그 결과, 우리는 식물의 삶을 '정지'로 오해하고, 그들의 존재를 배경처럼 취급해 왔다. 그러나 현미경과 분자생물학의 눈으로 들여다보면, 식물은 결코 멈춘 적이 없다. 그들은 끊임없이 빛을 감지하고, 습도의 미세한 차이를 인식하며, 뿌리 끝에서부터 잎의 기공까지 복잡한 신호의 파장을 주고받는다. 다만 그 모든 반응이 우리의 눈으로는 보이지 않을 만큼 느릴 뿐이다.

식물의 느림은 단순한 생리적 속도의 문제가 아니다. 그것은 생존전략이자 존재 방식이다. 동물은 이동을 통해 위협을 피하고 먹이를 찾아 나서지만, 식물은 땅에 뿌리를 내리고 제자리를 지킨다. 움직일 수 없는 생명에게 주어진 유일한 선택지는 '기다림'이다. 대신 그들은 유전자의 발현을 정교하게 조절하고, 호르몬 신호를 통해 세포 수준의 움직임으로 세상을 탐색한다. 식물의 느림은 무력함이 아니라, 환경에 대한 깊은 적응의 결과다.

식물은 지구의 시간을 인간보다 훨씬 오래 살아왔다. 우리가 생명이라고 부르는 현상의 원형이 바로 그들의 세계 속에서 완성되었다.

30억 년 전, 광합성을 시작한 세포가 태양 빛을 화학에너지로 바꾸면서 비로소 생명계의 '시간'이 흐르기 시작했다. 그 먼 후손인 식물은 행성의 대기를 바꾸고, 산소를 만들어 내며, 모든 동물의 시간이 놓일 기반을 마련했다. 오늘 우리가 호흡하는 이 공기도 수억 년에 걸쳐 이어진 광합성의 축적이 남긴 선물이다.

식물의 시간은 순환한다. 하루의 빛과 어둠을 감지하는 생체시계는 분 단위로 세밀하게 작동하지만, 그것이 빚어내는 결과는 계절 단위의 리듬으로 나타난다. 씨앗은 그 리듬을 기억한다. 겨울의 한가운데서도 생명 활동을 멈추지 않고, 내부에서는 느린 대사와 미묘한 분자 변화를 이어간다. 봄이 오면 그 기억이 깨어나 새로운 생장을 시작한다. 우리는 이 과정을 '발아'라 부르지만, 사실 그것은 오랜 시간에 걸친 생명 리듬의 귀환이다.

동물의 세계에서 시간은 직선적으로 흐른다. 과거에서 미래로 향하며, 생과 사의 경계를 따라 이동한다. 그러나 식물에게 시간은 원처럼 순환한다. 낙엽은 썩어 흙이 되고, 그 흙은 다시 새로운 생명의 토양이 된다. 개체는 사라지지만, 종의 리듬은 끊어지지 않는다. 그래서 식물의 시간에는 조급함이 없다. 그들은 실패를 두려워하지 않는다. 어떤 해에는 꽃이 피지 않아도, 다음 계절에 다시 시도할 수 있기 때문이다.

식물을 이해한다는 것은, 이 느린 시간으로 들어가는 일이다. 우리가 그 속도에 맞추기 시작할 때, 비로소 보이지 않던 생명의 표정이 드러난다. 잎의 기공이 열리고 닫히는 리듬, 뿌리가 방향을 바꾸는 미세한 각도, 햇빛을 따라 잎이 하루 동안 이동하는 각도의 변화 -그 모든 것이 식물의 언어다. 그 느린 언어 속에서 우리는 '생장'이란 것이 단지 빠르게 커지는 일이 아니라, 세계와의 관계를 조율하는 과정임을 배우게 된다.

이 책은 그 느린 시간 속에서 식물이 어떻게 세계를 인식하고, 어떻게 스스로의 리듬을 만들어 가는지를 탐구한 기록이다. 빠름을 미덕으로 여기는 인간의 시간에서 잠시 벗어나, 식물의 시간 속으로 한 걸음 들어가 보자. 그곳에서 우리는 다른 형태의 지능, 다른 종류의 기억, 그리고 다른 방식의 생명을 만날 것이다. 식물의 시간은 천천히 흐르지만, 절대 멈추지 않는다.

2026년 3월

이일하

Chapter 1

식물의 정의 _식물은 '단순'하지만 '복잡'하다

식물의 생장 _한 송이 꽃을 피우기까지

식물의 진화 _식물에도 뇌가 있다

식물의 정의

식물은 '단순'하지만 '복잡'하다

식물이란 무엇인가

식물이란 무엇일까요?

이 간단한 질문에 명쾌하게 답하기가 의외로 어렵습니다. 우리는 식물을 매일 보고, 먹고, 숨 쉬며 살아가지만 '식물이란 어떤 존재인가?'에 대해 깊이 생각해 본 적은 거의 없지요.

그런데 놀랍게도, 지구 생태계 전체 생물량의 80% 이상이 식물입니다. 지구의 생명계를 움직이는 '진짜 주인공'은 사실 식물이라 해도 과언이 아닙니다.

만약 외계인이 우주선을 타고 지구를 방문한다면, 그들은 인간이 아니라 식물을 이 행성의 지배자로 생각할지도 모릅니다. 눈에 보이는 거의 모든 생명체가 식물이니까요.

바오밥나무는 알아도, 풍년화는 모르죠

그림 1의 왼쪽에 있는 생명체, 다들 아시죠? 《어린 왕자》에 나오는 바오밥나무baobab입니다. 이름은 익숙하지만, 실제로 본 사람은 많지 않습니다. 그림 오른쪽의 식물은 어떨까요? 아마 대부분은 이름조차 모를 겁니다. 이 식물의 이름은 풍년화입니다. 수업 시간에 학생들에게, "이 식물 이름을 아는 사람?" 하고 물으면 열에 아홉은 고개를 갸웃합니다. 그런데 흥미로운 건, 이름을 몰라도 누구나 그 생명체를 보자마자 "식물이다"라고 단번에 알아본다는 사실입니다. 본 적도 없는데, 우리는 어떻게 '식물'을 알아볼까요?

그림 1. 이 생명체의 이름은?

산호초는 식물처럼 생겼지만 동물입니다

그림 2는 여러 바다 생명체를 보여줍니다. 혹시 그 안에서 식물을 찾으셨나요? 안보입니다. 보이는 것은 모두 동물입니다. 그중에서도 식물처럼 보이는 존재, 산호초가 보입니다.

어릴 때부터, "산호초는 식물처럼 생겼지만 동물이다"라고 배웠지요. 그 말을 곱씹어 보면 재미있습니다.

'식물처럼 생겼다'는 말은 곧, 우리 머릿속 어딘가에 이미 식물의 형

그림 2. 바닷속 생물들

그림 3. 절지동물의 조상, *Diania cactiformis*

태적 원형(이데아)이 자리 잡고 있다는 뜻이니까요.

2011년, 과학자들은 중국 윈난성의 고대 지층에서 매우 독특한 화석을 하나 발견했습니다. 이름하여 Diania cactiformis. 'cactiformis'는 라틴어로 '선인장 형태'를 뜻합니다. 이 생명체는 선인장처럼 생겼지만, 동물, 그것도 절지동물의 조상으로 밝혀졌습니다(그림 3). 선인장처럼 생긴 동물이라니, 흥미롭지 않나요?

우리가 그 생명체를 '식물처럼' 느낀 이유는, 그 안에 **식물의 형태적 본질**, 즉 '이데아'가 있기 때문입니다.

그럼, 그 '이데아'는 무엇일까요?

식물의 이데아 – 단순함의 반복

식물의 본질은 단순한 형태의 반복 구조, 즉 '줄기와 잎'의 규칙적 모듈화에 있습니다. 모든 식물은 기본적으로 '줄기+잎'으로 구성된 단위 구조로 되어 있습니다.

이 모듈 하나를 식물학에서는 파이토머phytomer라고 부릅니다. 화학으로 치면 단량체monomer와 같은 개념입니다.

예를 들어, 포도당이 여러 개 연결되면 전분(폴리머)이 되듯이, 파이토머가 반복적으로 연결되면 하나의 식물체가 되는 것이지요. 그림 4 ㉯를 보면, 단순한 줄기와 잎 모형이 여러 번 '복사–붙이기' 되면서 서서히 식물다운 형태로 자라나는 과정을 볼 수 있습니다. 컴퓨터로 단순히 몇 번 복제해 보기만 해도 우리의 뇌는 "아, 이건 식물이구나!" 하고 인식

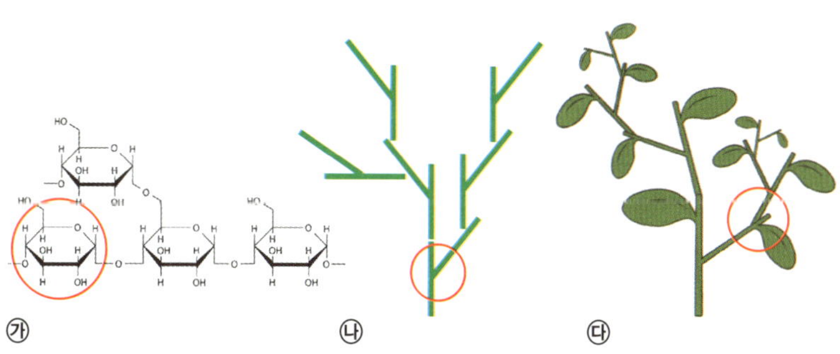

그림 4. 전분의 단량체인 포도당(㉮ 원)과 식물의 단위체인 파이토머(㉯ 원) 비교. ㉰는 파이토머를 작대기 대신 가지와 잎으로 치환하여 단순 반복함으로써 식물 형태가 나타남을 확인

합니다. 이처럼 단순함의 반복, 그 속의 규칙성과 균형감이 식물을 식물답게 만듭니다.

식물을 알아보는 우리의 직관

정리하자면, 우리가 한 번도 본 적 없는 생명체를 보면서도 "이건 식물이다"라고 단번에 알아보는 이유는, 우리 뇌 속에 이미 식물의 구조적 언어, 즉 파이토머의 반복이라는 이데아가 새겨져 있기 때문입니다.

식물은 화려하거나 복잡하지 않습니다. 그 단순함 속에서 끝없이 자신을 반복하며, 지구의 생명을 떠받치는 거대한 그물망을 만들어 냅니다.

02

동물과 식물을
구분하는 기준은 무엇일까

우리가 흔히 '동물'과 '식물'을 나눌 때, 그 기준은 무엇일까요? 이 물음에 대해 대부분 이렇게 말하죠.

"동물은 움직이고, 식물은 움직이지 않는다."

실제로 한자어에서도 그 의미가 드러납니다. 動物(동물)은 '움직이는 존재'로 정의하고 있고, 영어에서도 animal은 라틴어 anima에서 온 말로 '숨 쉬며 살아 움직이는 존재'를 뜻합니다.

반면 植物(식물)은 '심겨 있는 존재'라는 의미인데, 영어에서도 plant는 역시 라틴어 planta에서 유래하여 한 장소에 심어져 뿌리내린 존재를 의미합니다. 결국 운동성의 유무가 동식물을 구분하는 핵심 기준이 되어 온 셈입니다.

학생들에게 물어봐요.

"식물은 왜 움직이지 못할까?"

이에 대해 대부분 이렇게 쉽게 답을 해요.

"뿌리가 땅속에 박혀 있어서요."

그러면 제가 우스갯소리로 이렇게 대꾸하죠.

"그럼 뿌리를 잘라 주면 그때부터 걸어 다니겠네?"

물론 아닙니다. 식물은 뿌리 때문이 아니라 세포 수준에서 움직이지 못하게 진화한 생물체입니다.

식물의 모든 세포는 '세포벽cell wall'이라 불리는 견고한 섬유질 그물망에 둘러싸여 있습니다. 이 세포벽은 세포 하나하나를 꽁꽁 묶어 둡니다. 비유하자면, 조선시대의 체벌 방식 중 하나인 '멍석말이'를 당한 꼴이죠. 세포가 멍석에 말린 듯 꼼짝할 수 없으니, 그 세포들로 이루어진 식물체 전체도 움직일 수 없는 것입니다. 결국 세포벽이 식물의 '운동 불가'의 근본 원인이지요.

그럼 식물은 왜 이런 불편한 구조를 택했을까요? 식물의 진화를 되짚어 보면, 그 이유가 보입니다.

식물은 광합성이라는 놀라운 생리적 기작機作을 통해 살아갑니다. 이산화탄소와 물, 그리고 빛 에너지만으로 스스로 양분을 만들어 내죠. 움직이지 않아도 살 수 있는 존재가 된 겁니다. 빛만 있으면 스스로 양분을 만들어 낼 수 있으니, 굳이 여기저기 돌아다니며 먹이를 찾을 필요가 없습니다. 이 '움직이지 않아도 되는 편리함'이 바로 식물 진화의 방향을 결정지은 것입니다.

하지만 그 대가도 있었습니다. 움직이지 않으니, 포식자에게 쉽게 잡아먹히게 되었죠. 그래서 식물은 움직임 대신 방어를 택했습니다. 단단한 세포벽은 바로 그 생존 전략의 결과입니다.

이 견고한 보호막 덕분에 식물은 바람에도, 미생물에도, 곤충의 공격에도 견딜 수 있게 되었죠. 결국 식물은 움직임을 포기하는 대신, 방어 능력을 강화하는 방향으로 진화한 존재입니다.

정리하자면, 식물은 스스로 에너지를 만들어 내는 존재이기에 움직일 필요가 없었고, 그로 인해 '움직이지 못하는 몸'을 보호하기 위해 세포벽이라는 강력한 갑옷을 두르게 되었죠. 즉, **게으름 속에서 살아남기 위한 진화적 선택**, 그것이 바로 식물의 방식입니다.

03

식물은 환경에 대해
어떻게 반응할까

'움직이지 못하는 생명체인 식물은 환경에 어떻게 반응할까?'

문득 이런 의문이 듭니다. 왜냐하면, '환경에 대한 반응'은 생명체를 정의하는 다섯 가지 기본 특성 중 하나이기 때문입니다.

생물학 교과서를 펼쳐 보면, 지구상의 모든 생명체는 공통으로 다섯 가지 특성을 지닌다고 설명되어 있지요. **물질대사, 자극에 대한 반응, 환경 적응, 생식, 진화,** 이 다섯 가지입니다.

그중에서도 '자극에 대한 반응'은 생명체의 가장 본질적인 반사 신호이죠. 동물은 환경의 변화를 감각 기관으로 느끼고, 근육의 운동으로 즉각 반응합니다.

그렇다면 움직이지 못하는 식물은 어떻게 반응할까요?

식물의 '동작'은 생장이다

식물은 동물처럼 몸을 움직이지 않습니다. 대신 **생장**growth을 통해 환경에 반응합니다. 즉, 식물의 생장은 동물의 운동에 해당하는 행위인 셈이지요.

요즘은 유튜브에서 식물의 생장 과정을 타임랩스로 촬영한 영상을 쉽게 볼 수 있습니다. 한 장면에서는 덩굴식물이 바위를 향해 자라다가, 그 위를 천천히 타고 넘습니다. 그 느린 '움직임'을 보고 있으면 깨닫게 됩니다.

"아, 식물도 움직이는구나."

다만, 그 움직임이 우리의 시간 감각보다 훨씬 느릴 뿐입니다. 동물의 시점에서 보면 식물은 가만히 서 있는 존재처럼 보이겠지만, 식물의 시점에서 보면 동물은 오히려 부산하게 이리저리 뛰어다니는 존재일지도 모르지요. 결국 **식물은 다른 시간대를 살아가는 생명체**인 것입니다.

느린 시간 속의 반응

천천히 흐르는 시간대를 살아가는 식물이 주변 환경에 적절히 반응하기 위해서는 생장해야 합니다. 식물은 생장을 통해 주변 환경에 반응하기 때문입니다.

창가에 나팔꽃 한 그루를 갖다 놓으면 나팔꽃 줄기는 창 쪽으로 자람으로써 **굴광성**(빛의 방향으로 식물이 자라는 생리적 반응) 반응을 하게 됩니다. 덩굴식물이 바위를 타고 넘는 것도, 생장을 통해 장애물이라는 환경 자극에 반응한 결과입니다. 말하자면 동물은 동작을 통해 즉각적으로 환경 반응을 하지만 식물은 생장을 통해 주변 환경에 천천히 반응하는 것입니다. 동물의 행동에 해당하는 것이 식물의 생장인 셈입니다. 따라서 식물은 살아 있다는 것 자체가 곧 끊임없는 성장을 의미하는 생명체입니다. 그래서 우리 주변에는 5백 년 넘게 살아온 고목이 자라고, 그 고목들이 매년 봄이면 어김없이 새순을 틔우고 무성한 꽃을 피웁니다.

생장을 가능케 하는 '정단분열조직'

그렇다면 식물은 어떻게 평생 자랄 수 있을까요? 비밀은 식물의 끝부분, **정단분열조직**apical meristem에 있습니다. 이 조직은 줄기의 가장 윗부분과 뿌리의 맨 아래에 자리합니다(그림 5). 돔 모양의 이 작은 조직에서는 세포 분열이 쉼 없이 일어나며, 새로운 줄기, 잎, 꽃 같은 기관을 만들어 냅니다.

이 정단 조직은 동물의 배아줄기세포embryonic stem cell와 비슷한

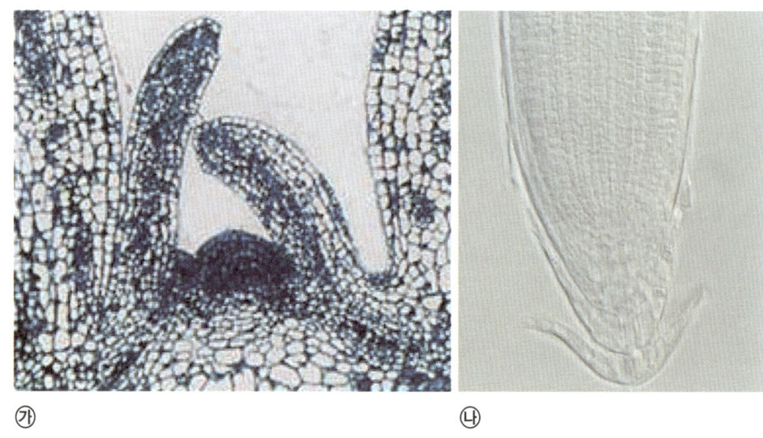

그림 5. 식물의 두 정단조직. ㉮ 줄기정단조직, ㉯ 뿌리정단조직

역할을 합니다. 거의 모든 조직으로 분화할 수 있는 '잠재력의 보고'
이지요.

집에서 콩나물을 길러 본 적이 있다면 한 번 떠올려 보세요. 그 안에서 잎이나 꽃을 본 적이 있나요? 없습니다. 그건 콩나물이 아직 '배 발생'을 완성하지 않았기 때문입니다.

식물은 동물처럼 태어날 때 모든 기관이 완성되지 않습니다. 오히려 살아있는 한 평생 새로운 기관을 만들어 가는 존재, 즉 '영원히 배아 상태로 살아가는 생명체'라 할 수 있습니다.

영원히 살아가는 생명체

이 '영속적 배 발생' 덕분에 식물은 이론상 영원히 살 수 있는 생명체입니다. 물론 외부의 병, 건조, 인간의 개입 등으로 죽을 수는 있지만, 자연 상태라면 정단분열조직의 활동이 멈추지 않는 한 생은 계속 이어집니다.

그 대표적인 사례가 바로 **뉴턴의 사과나무입니다**(그림 6). 뉴턴이 만유인력의 법칙을 떠올리게 한 사과나무 이야기는 매우 유명한 과학 에피소드입니다. 이 사과나무에서 사과가 뚝 떨어지는 것을 보면서 뉴턴은 '저 사과가 떨어지는 것은 지구가 사과를 당기기 때문이다'라고 생각했다죠. 만유인력의 법칙을 깨치게 된 유레카의 순간이었습니다.

그러나 애석하게도 그 사과나무는 1816년 강력한 폭풍으로 뿌리째 뽑혀 쓰러졌지요. 죽은 줄 알았던 사과나무 그루터기에서 4년 뒤 새싹이 돋았습니다. 그 새싹이 자라 지금도 영국 울스소프의 뉴턴 생가 마당에 서 있습니다. 얼마나 대견하고 대단한 일이에요.

영국 과일연구소는 뉴턴을 기리기 위해 그 사과나무의 가지를 잘라 건강한 대목에 접목한 묘목을 길렀습니다. 그 묘목들이 영국을 넘어 전 세계로 퍼져나갔지요.

영국 과일연구소에서 미국 펜실베이니아 수목원으로, 펜실베이니아 수목원에서 한국의 표준과학연구소로, 그리고 표준과학연구소에서 서울대학교 수목원으로 분양을 해줘 현재 뉴턴의 사과나무가 세계 곳

그림 6. 뉴턴의 사과나무

곳에서 자라고 있습니다.

이 사과나무들은 사실상 뉴턴의 머리에 사과를 떨어뜨려 영감을 갖게 했던 바로 그 사과나무입니다. 이를 현대적 용어로 '클론'이라고 하지요. 신체 일부를 잘라서 완전한 개체를 만들어 낸 유전학적으로 동일한 클론들입니다.

아마 이 사과나무는 그 과학적 중요성 때문에 우리 인류가 멸망하지 않는 한 영원히 우리 곁에서 자라고 있을 것입니다. 세계 곳곳의 과학박물관 혹은 과학연구소의 마당 한 가운데를 차지하고 말입니다.

부처님이 깨달음을 얻은 보리수나무

비슷한 이야기가 불교에도 있습니다. 석가모니 부처님은 약 2천 5백년 전, 인도 비하르 주 부다가야의 보리수 Ficus religiosa 아래에서 깨달음을 얻었습니다.

그 후 기원전 3세기, 아소카 왕의 딸이자 비구니였던 상가밋따 Sanghamittā가 이 보리수의 남쪽 가지를 잘라 스리랑카 아누라다푸라의 자야 스리 마하 보디에 심었지요.

한편 부다가야의 원 보리수는 역사 속에서 여러 차례 훼손과 고사를 겪었고, 특히 1876년 폭풍으로 크게 손상된 뒤 1881년 영국 고고학자 알렉산더 커닝햄이 새로운 묘목을 그 자리에 심었습니다 (그림 7).

이렇게 계승된 보리수는 스리랑카와 인도를 거쳐 전 세계로 분식되었으며, 우리나라에는 2015년 스리랑카 대통령이 방한하여 조계사에 자국 국보로 관리되던 '자야 스리 마하 보디'의 분지(묘목)를 공식 기증하였습니다.

이후 국내 여러 사찰과 기관에 이 보리수가 분식·이식되어, 오늘날 우리나라 곳곳에서 자라고 있습니다.

　따라서 국내에 자라고 있는 보리수들은 모두 조계사 앞에서 자라고 있는 보리수나무의 클론들이며, 부처님께서 깨달음을 얻으신 바로 그 보리수의 클론들입니다.

　이 역시 불교라는 종교가 우리 인류사에서 소멸하지 않는 한 영원히 살게 되는 나무라 할 수 있습니다. 이는 식물이 지닌 '영속성'을 보여주는 상징적 사례로, 식물의 정단부에 존재하는 정단분열조직apical meristem과 그 안의 줄기세포 덕분에 영생이 가능해진 것입니다.

정리하면, 식물은 움직이지 않는 대신 생장을 통해 세상에 반응하고, 끊임없이 자신을 새로 빚어내며, 그 생명력으로 시간을 건너 존재를 이어가는 생명체입니다. 동물은 죽음의 종착점을 향해 살아가지만, 식물은 '죽음을 넘어 생명을 이어가는 방법을 스스로 발명한 생명체'인지도 모릅니다.

04

식물의 '생장 가소성'이란

식물은 끊임없이 환경에 반응하며 생장하기 때문에, 똑같은 유전자형을 가진 개체라도 저마다 서로 다른 형태로 자랍니다. 이를 **식물의 생장 가소성**이라 합니다.

'가소성可塑性'이라는 말이 조금 낯설게 느껴지죠? 쉽게 말해, 외부의 자극에 따라 형태나 기능이 변할 수 있는 능력을 뜻합니다.

이 용어는 원래 뇌과학 분야에서 자주 쓰입니다. 인간이 아이로 처음 태어났을 때 어린아이의 뇌는 완전 백지상태나 다름이 없습니다. 이후에 아이가 자라면서 어떤 경험을 했는지, 어떤 학습을 했는지에 따라서 아주 다른 형태의 뉴런 네트워크가 형성됩니다. 그런데 그 뉴런 네트워크가 한 인간의 정체성을 결정해 주게 됩니다. 뇌를 어떻게 빚느냐에 따라서 굉장히 다른 어떤 인격체로 성장을 할 수 있다는 의미로 '신경 가소성neural plasticity'이라는 용어를 사용하고 있는 것이죠.

식물도 마찬가지입니다. 주어진 환경에 따라 자신의 형태를 바꾸어

가며 자라야 하는 운명을 지녔지요. 반면, 동물은 발생 과정이 대부분 유전적으로 결정되어 있어 환경의 영향을 거의 받지 않습니다.

사례를 들어볼까요? 사람의 경우, 유전적으로 동일한 일란성 쌍둥이가 태어나면 두 아이를 구분하기 어렵습니다. 그래서 저를 받으신 큰어머님도 동생과 저를 왼쪽, 오른쪽에 따로 눕혀 놓으셨다고 하더군요. "오른쪽 먼저, 오른쪽 먼저…"를 계속해서 되새기면서요. 당연히 이후 성장 과정에서도 매번 친척들은 누가 "일하냐"라고 반복해서 물으셨지요. 그만큼 외형은 물론 성장 과정까지 유전적 프로그램, 즉 유전체genome에 의해 거의 완벽하게 결정되기 때문입니다.

다시 식물로 돌아갈게요. 식물은 동물과 달리 생장 과정이 환경에 크게 좌우됩니다. 우리 연구실에서 실험 재료로 사용하는 애기장대는 100세대 이상 자가수분을 거친 순계 품종이라, 모든 유전자가 사실상 동일합니다. 즉, 완벽한 유전적 복제 상태이지요.

하지만 이 애기장대 씨앗들을 배지 위에 뿌려 발아하는 모습을 관찰해 보면, 일란성 쌍둥이에서 기대하는 똑같은 모습으로의 성장을 절대로 볼 수 없습니다. 씨앗이 놓인 위치마다 빛의 세기, 수분, 온도 등 미세 환경이 다르기 때문에 각자 환경에 맞게 서로 다른 생장을 하는 것이지요. 이처럼 환경 차이에 따라 같은 유전형이 서로 다른 표현형을 보이는 현상, 그것이 바로 식물의 생장 가소성입니다.

극적인 가소성의 사례

이제 좀 더 극적인 생장 가소성의 사례를 살펴볼까요? 콩을 어두운 곳에서 발아시키면 우리가 익히 아는 콩나물이 됩니다. 떡잎은 닫혀 있고 노란색이며, 하배축은 길고 가늘게 자라지요(그림 8 ㉮). 반대로 빛을 쬐며 발아시키면 떡잎은 초록색으로 활짝 펼쳐지고, 하배축은 짧고 굵게 자랍니다(그림 8 ㉯). 우리가 알고 있는 쌍떡잎식물의 일반적인 발아 모습이지요.

이 사진상의 애기장대는 앞에서 말한 대로 일란성 쌍둥이와 같습니다. 유전적으로 동일하지요. 하지만 빛이 있고 없고에 따라 전혀 서로 다

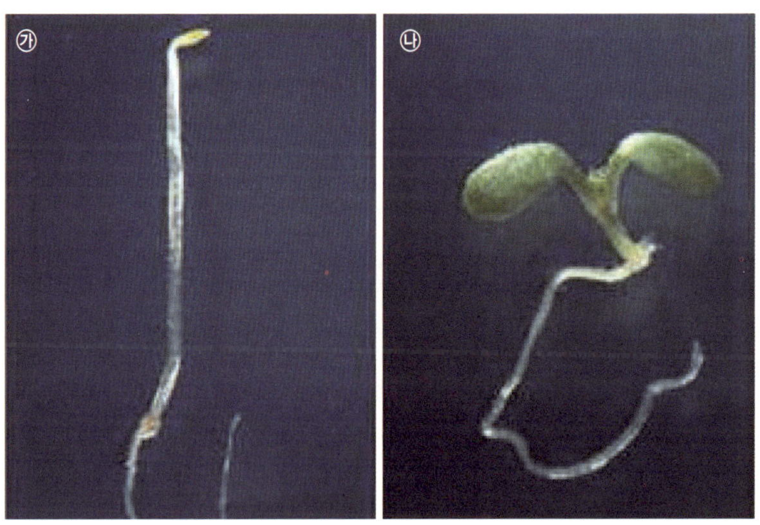

그림 8. 빛의 유무에 따른 애기장대의 생장 가소성. ㉮ 빛이 없을 때, ㉯ 빛이 있을 때

른 생장을 하고 있어 이 둘을 쌍둥이라 상상하기 어렵습니다.

왜 이렇게 다른 모습으로 자랄까요? 식물의 생장 가소성도 결국 오랜 진화의 산물입니다. 움직이지 못하는 식물의 입장에서 환경은 언제라도 시시때때로 변하기 때문에, 변화한 환경에 적합한 생장을 해야 합니다.

그림 8의 사례에서처럼, 어두운 곳에서는-일반적으로 토양 속에서 씨앗이 발아하는 경우 어둡겠지요- 떡잎이 닫혀 있어 정단 조직을 보호할 수 있고, 하배축이 길고 가늘게 자라서 토양 밖으로, 혹은 음지에서 빨리 탈출할 수 있게 해줍니다.

반면, 밝은 곳에서는 떡잎이 초록색으로 활짝 펼쳐져 있어 광합성을 더욱 효율적으로 할 수 있고, 하배축은 굵고 짧아져 바람에 쉽게 꺾이지 않게 해주지요. 이 모든 것이 **빛 환경에 적응하여 진화한 생장 가소성의 결과**입니다.

빛의 세기에 따른 미세한 적응

생장 가소성의 진화적 장점 하나 더 소개할까요?

미세환경에 따라 식물이 정교하게 반응하기 때문에, 식물을 키울 때 빛의 강도만 조금 바꾸어 주어도 제각각 다른 모양으로 자라는 것을 볼 수 있습니다(그림 9).

그림 9. 빛의 세기에 따른 식물의 생장 가소성과 진화적 장점

이 사진에서 왼쪽은 약한 빛에서의 애기장대 생장 상태이고, 가운데는 중간 빛, 오른쪽은 아주 강한 빛에서의 애기장대 생장 상태를 보여주고 있습니다. 빛이 약할 때는 잎을 가늘고 길게 뻗어주어 빛을 받는 표면적을 늘리게 되고, 빛이 강할 때는 잎을 둥글고 작게 만드는 한편 **안소시아닌** 색소를 잎에서 생성하여 자외선을 비롯한 강한 빛의 피해를 막습니다.

빛 환경에 따른 작은 변화들이지만 이 모두 생장 가소성의 장점을 보여주고 있습니다. 움직이지 못하는 식물이 환경을 마음대로 조종할 수는 없지만 주어진 환경을 이롭게 활용할 수 있도록 스스로 가소적 변화를 하는 지혜를 발휘한 것입니다.

그림 10. 식물가소성을 극단적으로 활용한 일본의 소형 분재

인간이 활용한 가소성–분재

식물의 생장 가소성이라는 특성을 이용하여 일본에서는 소형 분재 bonsai 기술이 꽤 발달해 있습니다. 원래 수십 미터의 높이로 자라는 느티나무, 소나무 등을 뿌리 공간과 가지의 형태를 지속적으로 제한하여 심지어 손바닥 크기 정도의 형태로 왜소화시키기도 하지요. 일본의 소형 분재는 식물 가소성을 극단적으로 활용한 사례라 할 수 있습니다(그림 10).

05

생식세포 선별은
식물의 숙명이다

생식기관을 형성하는 방식에서 동물과 식물이 뚜렷한 차이를 보입니다.

동물은 배 발생embryogenesis, 즉 수정란이 세포분열과 분화를 거쳐 다세포 개체의 기본적인 몸 구조와 조직을 형성하는 과정이 끝나면 생애 동안 유지될 모든 기관이 형성됩니다. 그 모든 기관 안에는 생식기관도 포함되어 있습니다. 따라서 동물은 배 발생이 완료된 시점에 정자나 난자와 같은 '배우체 세포'를 잘 보호된 생식기관 속에 안전하게 보관할 수 있습니다. 이후 개체가 성숙할 때까지 생식세포를 손상 없이 유지할 수 있는 것이죠.

반면 식물의 생식기관인 꽃은 성체가 된 이후에야 만들어집니다. 이 점이 중요한 차이를 낳습니다. 식물의 세포는 성장 과정에서 자외선UV light이나 여러 돌연변이 유발 요인에 지속적으로 노출됩니다.

따라서 식물은 이미 돌연변이가 축적된 세포들 가운데서 생식세포를 만들어야 하는 운명에 놓여있게 됩니다. 다시 말해, 식물은 철저히 보호된 생식기관을 미리 확보하지 못한 상태에서 꽃이라는 생식기관을 만들어 내야 합니다.

이러한 구조적 특성은 유전적 손상이 다음 세대로 전달될 가능성을 높이고, 결과적으로 진화적으로 불리한 상황을 초래할 수 있지요. 이 문제를 극복하기 위해 동물에는 없는 식물 고유의 현상이 나타나게 됩니다.

이를 이해하기 위해 먼저 '2배체diploid' 생물에 관해 설명해야 되겠네요. 세균과 같은 원시적 형태의 미생물* 과 달리 고등동식물은 모든 유전자를 쌍으로 가지게끔 진화했습니다. 예를 들어, 사람의 인어 유전자로 유명한 FOXP 2를 사람들은 두 개씩 가지고 있는데, 하나는 엄마에게서, 다른 하나는 아빠에게서 받은 것입니다. FOXP 2뿐만 아니라 사람은 모든 유전자를 쌍으로 가지고 있습니다. 사람의 경우, 유전체로 46개의 염색체를 가지는데, 그중 23개는 어머니로부터, 나머지 23개는 아버지로부터 물려받은 것입니다. 즉, 부모로부터 각각 한 벌씩의 동일한 유전정보를 받아 두 벌의 염색체를 가지므로 '2배체diploid'라 합니다. 고등동식물 대부분은 이러한 2배체 구조를 지니고 있지요.

고등동식물에서 2배체가 일반적인 데는 진화적 이유가 있습니다. 생존하는 동안 일어날 수 있는 치명적 돌연변이로부터 살아남기 위

---

* 세균과 같이 모든 유전자를 하나씩만 가지고 있는 생물체를 반수체(haploid)라고 부릅니다.

함입니다. 중요한 유전자가 돌연변이에 의해 손상되더라도, 쌍을 이루는 다른 유전자가 정상이라면 개체는 치명적인 영향을 피할 수 있기 때문입니다. 따라서 고등동식물은 생활사 대부분을 '2배체' 상태로 살아갑니다.

하지만 일부 원시적인 동식물은 생활사 중 일정 시기에 '반수체haploid' 상태로 살아갑니다. 이 반수체 시기에 세포 분열을 통해 생장하는 동안 치명적 돌연변이가 존재하면 그 세포는 죽게 되죠. 결과적으로 유해한 돌연변이를 지닌 반수체 세포는 세포 분열 도중 퇴화하여 소멸하고, 정세포나 난자 형성 과정에 참여하지 못하게 됩니다.

이러한 과정을 **반수체 불량 검증**haploid selection'이라 부릅니다. 식물은 생활사 중 아주 짧은 기간 반수체 조직을 형성하며, 이 시기에 잠재적 돌연변이 세포를 걸러낼 수 있습니다.

즉 식물이 정세포sperm나 알세포egg와 같은 생식세포를 생산할 때 반수체 상태의 다세포 조직-이를 배우체gametophyte라 합니다-을 만들게 되는데 이때 '반수체 불량 검증haploinsufficiency test'이 진행되게 됩니다. 이 과정에 해로운 돌연변이를 가진 반수체 세포들이 죽어 없어지므로 건강한 배우체 세포만이 정자나 난자를 생성하는 데 참여하게 되지요.

정리하면, 식물은 생식세포를 만드는 과정에 참여할 세포들을 반수체 세포 분열을 통해 '검증'하는 숙명을 안고 있다고 볼 수 있죠. 식물의 생식기관은 환경에 존재하는 다양한 돌연변이원에 노출되었던 조직의 세포들을 이용해 만들기 때문에, 반수체 불량 검증이 반드시 필요했던 것입니다.

돌연변이에 의해 손상된 유전자를 자손에게 물려주지 않기 위해, 식물은 필연적으로 반수체와 2배체의 생활사를 모두 유지해야 했습니다.

이런 점에서 반수체 생활사를 진화 과정에서 완전히 잃어버린 고등 동물과 식물은 숙명적으로 다른 길을 걷게 된 것이라 할 수 있습니다.

06

'식물'은 단순하지만 복잡하다

식물을 설명하다 보면, 동물에 비해 훨씬 단순한 형태의 생명 활동을 하는 존재처럼 느껴져요. 그래서인지 2000년대 들어 다양한 생물종의 유전체가 차례로 해독되면서, 생물학자들은 놀라운 사실을 발견하게 됩니다.

"어? 그렇게 복잡한 생명 활동을 하는 동물보다 단순해 보이는 식물이 오히려 더 많은 유전자를 가지고 있네?"

2000년대 초, 세균이나 단세포 생물이 아닌 고등생물 가운데 처음으로 유전체 염기서열이 밝혀진 두 생물종이 초파리와 애기장대입니다 (그림 11). 두 종 모두 생물학 연구에서 대표적인 '모델 생물'로 널리 사용되었습니다. 생활사가 짧아 한 해에 여러 세대를 거듭해서 키울 수 있고, 개체가 작아 좁은 공간에서도 많은 수를 기를 수 있는 장점 때문입니다.

게다가 유전체의 크기가 작아 유전학 연구에 매우 유리했지요.

초파리는 오랜 연구를 통해 잘 정리된 염색체 지도와 다양한 돌연변이체, 풍부한 세포학적 지식이 축적되어 있었습니다.

애기장대 역시 유전학적 기반이 잘 마련되어 있었고, 분자유전학 연구 도구들이 90년대에 빠르게 개발되었던 터라 전 세계 연구자들이 공동으로 연구하기에 최적의 조건을 갖추고 있었지요.

무엇보다 초파리와 애기장대는 각각 동물과 식물을 대표할 수 있을 만한 구조로 되어 있어 동·식물의 모델 생물로서 부족함이 없었습니다.

초파리는 그림 11에서 보는 것처럼 다양한 기관을 가지고 있습니다. 눈도 있고, 다리도 있고, 몸통도 있고, 날개도 있고… 꽤 다양한 기관들이 보이죠.

반면에 식물은 훨씬 단순합니다. 앞서 말했듯, 식물의 구조는 줄기

그림 11. 초파리와 애기장대, 두 모델 생물의 비교

와 잎의 반복으로 이루어진 기본 형태를 바탕으로 합니다. 세포의 종류만 비교해도 초파리는 최소 200여 종의 세포로 구성되어 있는 반면, 애기장대는 20~30종 정도에 불과합니다. 그런데도 유전자의 수를 비교해 보면 놀랍게도 결과는 정반대입니다. 초파리의 유전체에는 약 1만 3,600개의 유전자가 있지만, 애기장대에는 무려 2만 8,000개의 유전자가 존재합니다.

이 차이는 어디서 비롯될까요? 그 이유는 아마도 식물의 '고착성 생활 방식'과 관련이 있을 것입니다. 동물은 불리한 환경을 만나면 그 자리를 피할 수 있지요. 그러나 식물은 다릅니다. 예를 들어, 씨앗이 발아해 자라고 있을 때, 주변 환경이 갑자기 바뀌더라도 그 자리를 떠날 수 없습니다. 햇빛이 가려지거나 토양 조건이 바뀌어도 그대로 그 자리에서 적응해야 하지요.

식물은 자신이 어디에서 싹틀지, 어떤 환경을 맞이하게 될지 예측할 수 없고, 회피 행동도 할 수 없습니다. 따라서 주어진 환경에 적응하는 능력이 생존의 핵심이 된거죠. 이 과정에서 식물은 다양한 환경 변화에 대응할 수 있는 수많은 유전자를 필요로 하게 되었을 것입니다. 다양한 조건 속에서 살아남기 위해, 식물은 애초에 유전자의 폭을 넓혀 진화해 온 셈입니다.

우리 실험실에서 자라고 있는 애기장대 같은 경우에도 그 유전자를 식물이 왜 가지고 있느냐고 의아해할 수 있을 것 같아요. 좋은 온실 환경에는 필요 없는 유전자들도 꽤 많이 가지고 있을 테니까요.

하지만 혹독한 자연환경에서 살아가는 애기장대라면 그 유전자들이 생존에 필수적일 수도 있다는 거죠. 결국 식물은 다양한 환경에 적응하기 위해, 유전체 수준에서 방대한 유전자들을 미리 확보한 생명체라 할 수 있습니다.

즉, 식물은 기관이나 세포의 구조만 보면 매우 단순하지만, 유전체의 복잡성으로 보면 놀라울 만큼 정교한 존재입니다. 겉모습은 단순하지만, 그 속에는 다양한 환경을 견뎌내기 위한 수많은 전략이 유전자 속에 새겨져 있는 것이지요.

07

'봄의 새싹들'은
식물 진화의 결과이다

종자 발아와 휴면의 의미

'봄의 새싹들'이라 하면 가장 먼저 떠오르는 것은 씨앗의 발아일 것입니다. 봄에는 씨앗이 발아할 뿐 아니라 잎이 돋고, 꽃이 피며, 다양한 새싹이 모습을 드러냅니다.

그렇다면 종자가 발아하기 위해서는 어떤 조건이 필요할까요?

봄이 되면 녹은 얼음에서 수분이 공급됩니다. 종자는 그 수분을 흡수하여 물질대사를 시작합니다. 또한 따뜻한 온도가 필요합니다. 온도가 높아져야 신진대사가 활발해지기 때문입니다. 여기에 산소도 필수입니다. 씨앗이 발아할 때는 매우 많은 물질대사가 일어나므로 산소 호흡이 활발하게 진행됩니다. 경우에 따라서는 햇빛이 발아를 자극하기도 합니다.

그림 12는 보리싹이 발아하는 과정을 보여줍니다. 보리 배아에서는

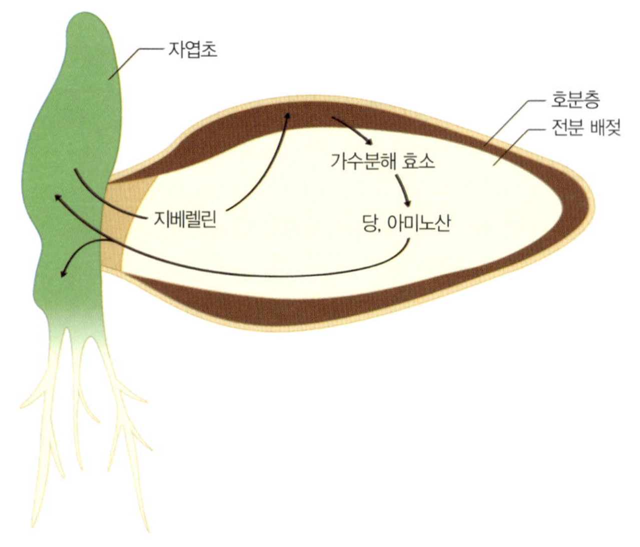

그림 12. 보리의 씨앗 발아와 지베렐린 호르몬 작용

'**지베렐린**'이라는 식물 호르몬이 생성되는데, 이는 배젖을 감싸고 있는 호분층 세포를 자극합니다. 자극받은 호분층 세포들은 여러 가수분해 효소를 만들어 내며, 그중 가장 활발히 생산되는 효소가 아밀라아제입니다.

아밀라아제는 곡식의 전분을 포도당으로 분해하고, 단백질이 분해되어 생성된 아미노산과 함께 배아로 공급됩니다. 이러한 영양분 덕분에 배아가 빠르게 자라 지상으로 싹이 올라오는 것이 바로 발아입니다.

이제 식물 진화에서 중요한 단계인 '종자의 휴면'을 살펴보겠습니다. 식물이 바다에서 육상으로 올라온 약 8억 5천만 년 전, 건조한 환경에 적응하는 능력과 더불어 종자의 발달이 매우 중요한 진화적 전환점이 었습니다.

종자는, 생각해 보면, 동물하고 참 다른 특성을 가진 기관인 것 같아요. 동물의 경우에는 배 발생이 완료되고 난 뒤에도 계속 생장을 해야만 하죠. 엄마 배 속에서 태어난 뒤에도 쉼없이 자라야 합니다. '잠시 쉬었다 갑시다' 이런 게 허용되지 않는 게 동물입니다.

그러나 식물은 배 발생이 완료된 상태, 즉 '종자'라는 단계에서 잠시 생장을 멈추고 휴식을 취합니다. 이후 환경이 적합해지면 다시 발아하여 생장을 이어갑니다. 이같이 잠시 쉬는 상태를 **'종자의 휴면'**이라고 합니다.

그렇다면 왜 종자는 굳이 휴면 상태에 들어가야 할까요?

그 이유는 비비페리vivipary; 태생형 돌연변이체에서 잘 드러납니다. 옥수수, 토마토, 애기장대 등에서 나타나는 비비페리 돌연변이체는 씨앗이 열매 안에서 휴면 없이 발아해 버립니다. 그러나 이렇게 발아한 개체는 생존력이 매우 낮습니다(그림 13).

씨앗이 일정 기간 발아를 억제하는 이유는, 무엇보다 모체와의 경쟁을 피하기 위함입니다. 모체가 자라는 자리에서 바로 발아하면, 햇빛과 양분을 얻기 어렵기 때문에 어린 개체는 제대로 성장하지 못합니다.

따라서 종자는 모체 근처에서 일정 기간 휴면을 유지하며, 바람이나 동물에 의해 새로운 장소로 옮겨질 기회를 기다립니다. 이렇게 함으로써 모체와 자손이 같은 자원을 두고 경쟁하지 않게 되는 것입니다. 다시

그림 13. 각종 식물의 비비페리viviparous 돌연변이체 (왼쪽 사진 ; 시계 방향으로 옥수수, 토마토, 애기장대, 맹그로브. 오른쪽 사진 ; 화살촉처럼 주렁주렁 매달린 유근이 있는 맹그로브 숲)

말해, 종자의 휴면은 한정된 자원 속에서 모체와 자손이 공존하기 위한 식물의 지혜로운 전략입니다.

비비페리 현상은 해안 갯벌에 사는 맹그로브 나무에서 대표적으로 나타납니다(그림 13).

맹그로브는 종자 휴면을 포기하고 비비페리를 생존 전략으로 선택했습니다. 갯벌 환경에서는 밀물과 썰물이 반복되어 씨앗이 정착하기 어렵고, 높은 염분 농도는 어린 식물의 생존을 위협합니다.

그러나 맹그로브의 씨앗은 모체에서 떨어지기 전에 이미 충분히 자랐기 때문에, 높은 염도에서도 생존할 수 있습니다. 또한 창 모양의 유근이 진흙 속에 깊이 박혀 정착률을 높입니다. 말하자면, 맹그로브는 특수한 환경에서 종자 휴면을 포기하고 비비페리라는 독특한 진화적 전략을 선택했습니다. 그 덕분에 오늘날 동남아시아의 해안에는 아름다운 맹그로브 숲이 펼쳐져 있습니다.

종자의 휴면 해제와 발아 전략

그렇다면 씨앗은 어떻게 휴면에 들어가고, 또 어떻게 깨어날까요?

그 핵심에는 아브시스산ABA: abscisic acid이라는 식물 호르몬이 있습니다. 종자가 만들어지는 과정의 후반부에는 빠른 탈수가 일어납니다. 대부분의 생물이 그렇듯 식물도 물에 의존하기 때문에 건조는 큰 스트레스 요인이 됩니다.

아브시스산은 이러한 건조 스트레스에 대응하여 세포를 보호하는 역할을 합니다. 실제로 화분에 물을 주지 않아 식물이 시들면, 잎과 줄기에 아브시스산이 많이 생성됩니다. 건조 스트레스로부터 식물 세포를 보호하기 위함이지요.

아브시스산은 종자의 세포를 보호할 뿐 아니라, 종자가 쉽게 발아하지 않도록 '휴면 상태'를 유도합니다. 즉, 종자가 잠에 드는 것은 아브시스산이 충분히 생성되어 발아가 억제되기 때문입니다.

반대로 아브시스산이 분해되어 사라지면 씨앗은 깨어납니다. 실제 봄에 깨어나는 식물 대부분은 봄이 되면 아브시스산이 모두 분해되어 발아할 수 있는 상태가 되어 있습니다. 종자 속의 아브시스산은 대개 자연적으로 서서히 분해되는 특성이 있거든요. 여기에 온도 상승, 수분 공급, 산소의 존재가 더해지면 발아의 세 가지 조건이 충족됩니다.

그러나 자연계에서 종자의 휴면이 깨지는 방식은 아브시스산의 분해만으로 설명되지 않습니다. 여러 물리적 요인도 작용합니다.

예를 들어, 종피가 두꺼운 종자는 내부의 싹이 물리적으로 껍질을 뚫고 나오기 어렵습니다. 이런 종자는 비바람이나 마찰을 겪으며 종피가 약해져야 비로소 발아할 수 있습니다. 야자열매처럼 바닷물에 떠다니다 부딪힘을 반복하면서 종피가 손상되고, 그 틈으로 싹이 트는 경우가 대표적입니다.

또 하나 흥미로운 사례는 산불 이후의 발아입니다. 산불이 지나간 뒤 갑자기 많은 새싹이 돋아나는 이유는, 불길 속 연기에서 나오는 '카리킨Karrikin'이라는 물질 때문입니다.

카리킨은 식물의 발아를 촉진하는 신호 분자로, 나무가 불에 탈 때 생성되는 향기 성분입니다. 카리킨은 우리가 고기를 구울 때 사용하는 A1 소스의 불맛 성분이기도 합니다. 산불 뒤의 토양은 영양분이 풍부하고 경쟁자가 적기 때문에, 카리킨을 감지해 발아하는 식물들은 생존 확률이 높습니다. 결국 진화 과정에서 이러한 신호 체계를 갖춘 식물들이 자연 선택되면서, 카리킨은 식물 생장 조절 물질 중 하나가 되었습니다.

한편, 우리가 콩나물을 기르거나 벼의 모판을 만들 때 보는 '동시 발아'는 자연 상태에서는 거의 일어나지 않습니다. 대부분의 식물은 일부만 먼저 발아하고, 나머지는 일정 기간 후에 차례로 싹을 틔웁니다. 이렇게 발아 시기가 분산되어 있으면, 갑작스러운 재해나 환경 변화에도 일부 개체가 살아남을 가능성이 커집니다.

반면 농작물의 경우에는 인위적 선택을 통해 '동시 발아형' 씨앗이 되었습니다. 관리와 수확의 효율을 높이기 위해 농부들이 오랜 세월 선택해 온 결과입니다. 즉, 농작물의 동시 발아는 자연의 본래 특성이 아니라 인간이 만든 진화적 결과입니다.

정리하면, 씨앗의 발아 과정에는 지베렐린 호르몬이 작용하여 배젖의 영양분을 분해하고, 배아의 성장을 돕는 영양소를 제공합니다. 종자 휴면은 모체와의 경쟁을 피하고 생존 확률을 높이는 식물의 중요한 진화 전략입니다. 일부 식물은 예외적으로 비비페리를 선택했지만, 대부분의 종은 휴면과 발아의 조절을 통해 생존해 왔습니다. 종자의 휴면 해제는 아브시스산의 분해뿐 아니라 다양한 물리적, 생리적 작용에 의해 일어나며, 발아 시기의 불규칙성은 종의 지속을 보장하는 지혜로운 생존 전략입니다.

식물은 이렇게
계절을 알게 된다

꽃이 어떻게 같은 계절에 한꺼번에 피어날까요? 식물이 개화 시기를 어떻게 정하는지 궁금하지 않으신가요?

그림 14의 사진은 제가 인생 사진 중 하나를 찍은 곳입니다. 2013년 3월 23일, 광양 매화마을에 어머니를 모시고 갔다가 화려한 봄꽃의 향연이 너무 아름다워 사진을 찍었습니다. 이 사진을 보면 누구나 비슷한 의문을 떠올릴 것 같습니다.

"이 식물들은 어떻게 특정한 날을 알아서 동시에 꽃을 피울 수 있을까? 혹시 달력을 보는 걸까?"

식물이 한꺼번에 꽃을 피우는 것은 계절을 알기 때문입니다. 그렇다면 식물은 어떻게 계절을 알 수 있을까요?

많은 식물생리학자의 연구 결과, 식물은 사계절에 따라 규칙적으로

변하는 두 가지 환경 신호를 통해 계절을 인지한다는 사실이 밝혀졌습니다. 바로 '온도'와 '광주기(하루 중 낮의 길이)'입니다.

첫 번째 신호는 온도입니다. 봄에서 여름으로 갈수록 따뜻해지고, 여름에서 가을·겨울로 가면서 다시 서늘해지는 변화는 누구나 직관적으로 이해할 수 있지요.

두 번째 신호는 광주기입니다. 광주기는 하루 동안 빛에 노출되는 시간을 말합니다. 지구가 23.5도 기울어진 채 태양을 공전하기 때문에,

봄에서 여름으로 갈수록 낮의 길이가 점점 길어지고, 여름에서 겨울로 갈수록 짧아집니다. 식물은 이런 변화를 민감하게 감지하여 계절을 구분합니다.

즉, 식물은 온도와 광주기를 통해 "지금이 봄이다", "이제 가을이구나" 하고 계절을 알아차립니다. 그래서 봄에 꽃이 피는 식물은 봄 신호를, 가을에 꽃이 피는 식물은 가을 신호를 받아 개화를 시작하는 것입니다.

맘모스 담배가 알려준 비밀

식물이 광주기를 감지해 꽃을 피운다는 사실은 1920년, 워싱턴 D.C의 농무성 연구소USDA에서 연구하던 가너William W. Garner와 앨러드Harry Allard 두 박사에 의해 우연히 발견되었습니다. 당시 담배는 돈이 되는 황금 작물이었기에 연구 대상이기도 했습니다.

이들이 연구하던 식물 중에 메릴랜드 맘모스 담배라는 돌연변이가 있었습니다. 이름처럼 이 담배는 좀처럼 꽃을 피우지 않고 잎만 계속 만들어내다 보니, 나무처럼 크게 자라버렸습니다(그림 15). 그래서 '맘모스 담배'라는 이름이 붙었지요.

그런데 두 박사는 이 담배를 연구하던 중, 식물이 어느새 천장에 닿을 만큼 자라자 '더 이상 그냥 둘 수는 없는데, 어떻게 하지?' 하고 고민하게 되었습니다. 결국 온실에서 키우던 맘모스 담배를 밖으로 내놓기로

그림 15. 온실에서 꽃을 피우지 못하는 메릴랜드 맘모스 담배. 오른쪽의 작은 담배는 비교를 위해 단일조건에서 꽃을 피운 맘모스 담배

했습니다.

그런데 놀랍게도, 바깥에 옮겨둔 지 약 2주 뒤 우연히 그곳을 지나가다 맘모스 담배가 꽃이 피어 있는 것을 발견하게 됩니다.

도대체 온실 밖의 어떤 환경적 요인이 맘모스 담배를 꽃피게 했을까요?

두 박사는 그 원인을 밝히기 위해 여러 생리학적 실험을 진행했습니다. 그 과정에 맘모스 담배는 낮의 길이가 짧아야 꽃을 피운다는 사실을 알아냈습니다.

그리고 1920년, 이들은 〈맘모스 담배는 단일식물의 특성을 지닌다〉라는 제목의 논문을 발표하게 됩니다.

단일식물, 장일식물, 그리고 중일식물

이 발견 이후 전 세계의 연구자들은 자신이 다루는 식물이 어떤 조건에서 꽃을 피우는지 앞다투어 확인하기 시작했습니다. 낮이 짧아야 꽃을 피우는지, 낮이 길어야 꽃을 피우는지, 아니면 낮의 길이와는 상관없이 꽃을 피우는지를 조사한 것이지요. 그 결과 식물은 크게 세 부류로 나누어졌습니다.

> **단일식물:** 낮의 길이가 짧을 때 꽃을 피움
>
> **장일식물:** 낮의 길이가 길어야 꽃을 피움
>
> **중일식물:** 낮의 길이와 관계없이 꽃을 피움

예를 들어, 시금치, 홍당무, 사탕수수는 장일식물이고, 나팔꽃, 도꼬마리, 들깨는 단일식물입니다. 흥미로운 사례는 담배입니다. 맘모스 담배와 달리 일반 담배는 중일식물로, 낮의 길이와 상관없이 잎을 약 50장 정도 생산하면 꽃을 피웁니다. 다시 말해 광주기가 아니라 '잎의 수(발달 단계)'가 개화를 결정하는 셈이지요. 토마토나 오이처럼 우리가 일상에서 흔히 접하는 작물들도 중일식물에 속합니다.

이렇게 식물을 세 부류로 구분하면서, 우리는 드디어 "왜 어떤 식물은 봄에, 어떤 식물은 가을에 꽃을 피우는가?"라는 오래된 질문에 답을 찾게 되었습니다. 꽃피는 비밀이 조금은 더 명확해진 것이지요.

'임곗값'은 개화의
기준점이다

식물이 장일식물인지 단일식물인지 구분히는 중요한 기준은 무엇일까요? 많은 연구자가 개화 생리를 연구하면서 그 핵심이 바로 '임곗값critical day length'에 있다는 사실을 밝혀냈습니다.

예를 들어보겠습니다. 어떤 식물이 낮 12시간, 밤 12시간 조건에서 꽃을 피운다면, 이 식물은 장일식물인가요, 아니면 단일식물인가요?

이를 구분하는 기준이 꽃을 피우는데 임곗값보다 더 긴 낮이 필요한가 아니면 더 짧은 낮이 필요한가에 있습니다. 임곗값보다 긴 낮의 조건에서 꽃이 피면 장일식물, 임곗값보다 짧은 낮의 조건에서 꽃이 피면 단일식물입니다(그림 16).

임곗값은 식물 종에 따라 제각각 다르며, 그 식물의 고유한 특성임이 후에 알려지게 됩니다.

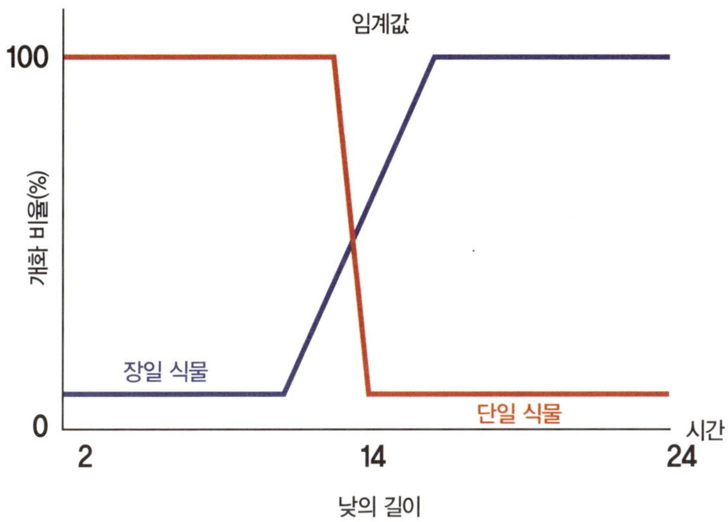

그림 16. 장일식물과 단일식물의 구분과 임곗값

낮이 아니라 밤이 결정한다

흥미롭게도 생리학자들의 연구는 여기서 한 걸음 더 나아갔습니다. 겉으로는 낮의 길이가 중요한 것 같지만, 실제로는 **밤의 길이가 개화를 결정한다**는 사실이 드러난 것입니다.

이를 확인하기 위해 과학자들은 생장실에서 낮과 밤의 길이를 인위적으로 조절하는 실험을 했습니다. 우리의 자연환경에서는 낮의 길이와 밤의 길이가 24시간 주기로 반복되잖아요. 그런데 생장실 안에서는 이 주기를 인위적으로 바꿀 수 있습니다.

도꼬마리는 대표적인 단일식물입니다. 이 식물은 낮이 8시간, 밤이 16시간인 단일조건에서 꽃이 피지만, 낮이 16시간, 밤이 8시간인 장일조건에서는 꽃이 피지 않습니다.

그런데 이 도꼬마리를 8시간 낮, 8시간 밤 주기에서 키워 보면, 낮이 충분하게 짧았음에도 꽃이 피지 않습니다. 밤이 충분히 길지 않았기 때문에 꽃이 피지 않은 것이지요. 반대로 16시간 낮, 16시간 밤 주기로 키워 보면, 도꼬마리는 꽃이 핍니다. 낮의 길이가 16시간으로 너무 길었지만, 밤의 길이가 16시간으로 충분히 길었기 때문에 꽃이 피게 되는 겁니다.

이 간단한 실험을 통해 연구자들은 깨달았습니다.

"아, 실제로는 낮의 길이가 아니라 밤의 길이가 개화를 좌우하는구나."

결국 우리는 장일식물을 밤이 짧아야 꽃이 피는 短夜(단야)식물, 단일식물을 밤이 길어야 꽃이 피는 長夜(장야)식물로 제대로 이해하게 된 것이지요.

10

식물은 어떻게 빛을 인지할까

가녀와 앨러드 박사의 광주기성 발견은 전 세계 과학계에 매우 신선한 충격을 주었습니다. 그동안 주변에서 관찰되던 많은 생물학적 현상이 설명되었거든요. 이를테면, 철새가 특정 계절에 날아가는 행동이라던가 특정 계절에 산란하는 행위, 포유동물들의 번식기나 곤충들의 월동 등이 특정 계절에 일어나는 이유를 광주기성으로 이해할 수 있었으니까요.

아마도 이게 계기가 되어 워싱턴 DC에 흩어져 있던 농무성 연구소USDA들이 인근 메릴랜드의 벨츠빌Belltzville 지역으로 모여서 확장 개편되게 됩니다.

BARCBeltsville Agricultural Research Center라는 당시 세계 최대 규모의 농업 연구 단지가 이렇게 해서 1936년 설립되었습니다.

식물생리학과 광화학의 융합 연구

이때 BARC에서는 작물 생리학 전문가뿐만 아니라, 축산학, 병리학, 토양학 등 농업 관련 거의 모든 전문가가 모여 그야말로 농업연구센터로서의 위용을 과시하게 됩니다.

무엇보다 가너와 앨러드의 유산을 잇기 위해 광물리·화학 전문가를 채용했지요. 광주기를 이해하기 위해서는 빛(光)을 작물이 어떻게 인지하게 되는지를 이해할 필요가 있었고, 주기週期를 작물과 가축이 어떻게 파악하는지를 알아야 했기 때문에, 식물생리학자인 헤리 보스윅Harry A. Borthwick과 광물리화학자인 스털링 헨드릭스Sterling B. Hendricks가 BARC에 참여하여 광주기 연구의 맥을 잇게 됩니다.

그렇게 해서 식물 분야에서는 파이토크롬phytochrome이라는 식물 생장에 가장 중요한 광수용체가 발견되게 되고, 동물 분야에서는 생체시계의 작동 기제가 밝혀지는 계기가 마련됩니다. 돌이켜보면 격동하는 한 시대가 메릴랜드의 벨츠빌에서 싹트고 열매를 맺게 된 것입니다.

"눈이 없는 식물이 어떻게 빛을 볼 수 있을까?"라는 질문의 기원은 빛이 필요한 생리학적 현상의 발견에서부터 시작되었을 것 같네요.

문헌에서 찾아볼 수 있는 가장 초기의 생리학적 관찰은 물별꽃Bulliardia aquatica이라는 수생식물의 씨앗 발아에 빛이 필요하다는 1861년 논문이 아닐까 싶습니다(프로이센 공화국의 왕립 물리·경제학회지에 발표).

이 논문이 흥미로웠던 것은 당시 많은 농부가 왜 어떤 경우에는 작물이 발아하지 않는지, 또 왜 밭을 갈아엎기만 하면 수많은 잡초가 여기 저기서 불쑥불쑥 싹이 트는지 궁금했었는데 그 답을 알게 되었기 때문입니다. 씨앗이 발아하기 위해서는 빛에 노출되는 게 필요했던 것이지요.

빛을 보기 위한 광수용체의 작용

"식물이 빛을 어떻게 보지?"라는 질문을 이해하려면, 우리 인간이 어떻게 빛을 보는지를 알아야 합니다.

인간은 눈이 있어 빛을 인지하고 사물을 식별합니다. 눈 속에는 로돕신이라는 광수용체가 있는데, 옵신이라는 단백질 속에 레티날, 비타민 A로 더 잘 알려진 색소 분자가 들어 있는 단백질입니다. 이 로돕신 광수용체 때문에 우리는 사물을 인식할 수 있습니다.

로돕신 속의 레티날은 빛을 받기 전에는 화학적 구조가 시스 형태로 접혀 있습니다. 그런데 레티날이 빛을 받으면 트랜스 형태로 쭉 펴지게 됩니다. 그 결과 로돕신 단백질이 좍 펼쳐지게 되고요. 로돕신을 둘러싼 세포막에 자극이 가해지면, 이것이 전기적인 자극으로 변환돼서 뉴런을 타고 뇌까지 신경이 전달되게 됩니다. 그래서 우리가 사물을 인지하게 되는 겁니다.

BARC 연구소의 연구원들이 가장 먼저 의문을 가졌던 게 광주기를 인지하는 식물의 기관이 어딘지에 대해서였어요. 간단한 몇 가지 실험을 통해서 광주기를 인지하는 식물 기관은 '잎'이라는 걸 알았습니다. 잎한 장을 가리는 것만으로도 긴 밤을 인지한 도꼬마리가 꽃을 피운다는사실을 알게 되었거든요.

1920년대 가너와 앨러드에 의해 광주기성이 발견된 이후 50~60년대에 이르러 빛을 인지하게 하는 광수용체 파이토크롬이 BARC 연구원들에 의해 발견되게 됩니다. 한 편의 드라마였지요. 특히 식물생리학의대가였던 보스윅 박사와 분광학의 대가였던 헨드릭 박사의 활약이 눈부셨습니다.

파이토크롬의 발견 과정

1952년 8월에는 보스윅과 헨드릭 박사가 상추 씨앗 발아에 미치는빛의 효과를 분광학적으로 분석한 논문을 미학술원회지PNAS에 발표하였습니다(그림 17).

이 논문에서는 상추 씨앗에 여러 가지 단색 파장의 빛을 쬐어준 뒤발아율을 측정한 결과를 보여주고 있습니다. 재미있는 사실은 비슷한 적색 영역의 빛인데, 660나노미터nm의 원적색 단색 파장 빛을 쬐어주면 상추씨는 100%가 발아되고, 730nm의 단색파장 빛을 쬐어주면100% 발아 억제가 된다는 사실입니다.

왜 그런 실험을 했는지 알 수는 없지만 보스윅과 헨드릭은 660nm

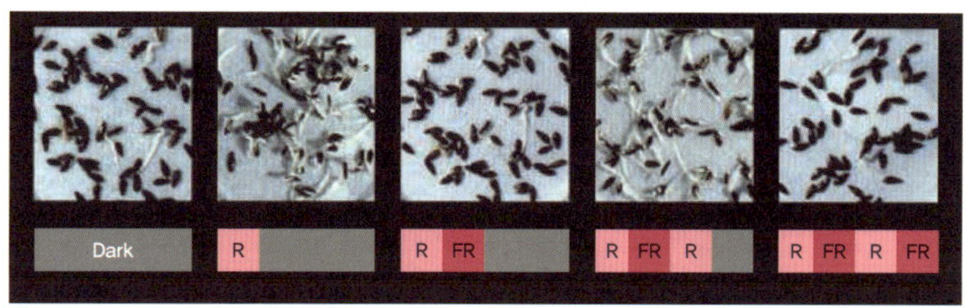

파이토크롬에 의해 조절되는 가역적 R/FR 반응 시스템. R; Red (적색광), FR; Far-red (원적색광)

그림 17. 상추 씨앗 발아에 미치는 적색광(R)과 원적색광(FR)의 효과

빛을 쬐어준 후, 곧 730nm 빛을 쬐어주면 660nm 빛의 씨앗 발아 효과가 상쇄되어 없어진다는 것을 알았고, 반대로 730nm 빛을 쬐어준 뒤, 곧 660nm 빛을 쬐어주면 730nm 빛의 발아 억제 효과가 상쇄되어 없어진다는 것을 알게 되었습니다. 짓궂게도 660, 730, 660, 730~ 이렇게 교차하는 빛을 쬐어보면, 그 횟수랑 상관없이 가장 마지막에 쬐어준 빛이 씨앗 발아에 영향을 미친다는 사실도 알 수 있었지요(그림 17).

이런 분광학을 이용한 생리 실험을 통해서 보스윅과 헨드릭은 굉장히 빠른 광전환성을 가진 광수용체의 존재를 제안하게 됩니다.

같은 해 11월에는 단일식물의 광주기 개화를 방해하는 광수용체가 같은 생화학적 특성, 즉 빠른 광전환성을 가진 광수용체임을 《PNAS》 저널에 보고하였습니다(그림 18).

시기로 보아서 빛에 의해 영향을 받는 두 생리적 반응에 같은 광수

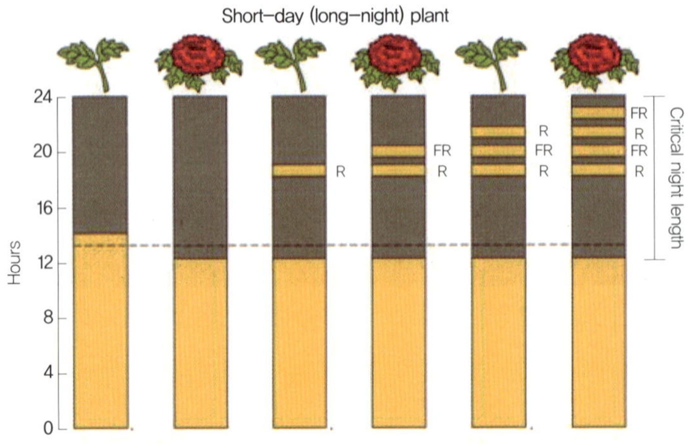

그림 18. 단일식물의 개화 억제에 미치는 적색광(R)과 원적색광(FR)의 효과

용체가 작용하지 않을까 추측했던 것 같습니다. 해서 거의 비슷한 실험 설계를 통해 빠른 광전환성의 특성을 파악하게 됩니다. 후에 이런 빠른 광전환성은 파이토크롬이라는 식물이 가진 특별한 광수용체의 고유한 특성임이 밝혀지게 됩니다.

파이토크롬이라는 이름은 1960년 10월 보스윅과 헨드릭 박사가 사이언스 저널에 〈식물의 광주기성〉이라는 제목의 종설 논문을 발표하면서 처음 사용하게 되는데, 식물이 광주기성을 인지하게 하는 광수용체가 소위 '파이토크롬'이라고 명명했던 것입니다.

이후 BARC 연구소의 헨드릭과 시겔만 박사가 1965년 이 광수용체를 어느 정도 분리 정제하여 파이토크롬이 단백질과 색소 복합체로 이루어져 있음을 밝혔고, 70년대에는 발전된 순수 분리 기술을 이용하여 파이토크롬 단백질의 광화학적 특성이 집중적으로 알려지게 되었습니다. 마침내 1982년에 위스콘신 대학교의 피터 퀘일Peter Quail 교수가 리차드 비에스트라Richard Viestra 박사와 함께 귀리 유식물幼植物-유식물이란 생장을 시작한 배가 종피를 뚫고 밖으로 나와 자라는 어린 식물을 말합니다-에서 파이토크롬을 순수 분리하는 데 성공하였습니다.

이때 파이토크롬의 크기가 124킬로돌턴인데 두 개의 파이토크롬이 붙어 이량체 형태로 존재한다고 밝혔습니다.

피터 퀘일 교수는 1989년에 애기장대라는 식물에서 파이토크롬 유전자를 클로닝하게 됩니다. 이후 무려 35년간 파이토크롬의 생화학적 특성, 생리적 기능 분석 등이 많은 과학자에 의해 연구되었지만, 여전히 파이토크롬이 어떻게 작용하는지는 현재 분명하지 않습니다. 놀랍지 않나요!

11

생체시계의 발견

광주기의 인지와 생체시계의 발견

1920년대 가너와 앨러드의 광주기성 발견은 두 가지 새로운 질문을 던지게 했습니다. 하나는 "빛을 어떻게 감지할까?"였고, 다른 하나는 "낮과 밤의 길이를 어떻게 잴까?"였습니다.

전자는 앞에서 설명한 파이토크롬 발견으로 이어졌고, 후자는 생체시계 개념의 확립으로 이어졌습니다.

생체시계에 대한 단서는 이미 1729년 프랑스의 천문학자 드 메랑에 의해 보고된 바 있습니다.

그는 낮이면 잎을 펴고 밤이면 잎을 접는 미모사Mimosa pudica를 관찰하면서, 하루 종일 어두운 방에 두면 미모사의 잎 운동이 멈출까, 하고 실험해 보았습니다.

놀랍게도 이 식물은 빛을 전혀 받지 않아도 낮시간이 되면 잎을 펼

치고 밤시간이 되면 오므렸습니다. 외부 빛이 끊겨도 내부의 리듬이 계속된다는 사실은, 식물 속에 보이지 않는 시계 같은 장치가 있다는 강력한 증거였던 거죠.

광주기와 생체시계의 연결

1930년대 독일의 식물학자 뷔닝Bünning은 광주기성 반응을 자세히 연구하며 중요한 주장을 내놓았습니다. 식물은 단순히 낮의 길이에 수동적으로 반응하는 것이 아니라, 안에 내재한 24시간 리듬과 외부의 낮·밤이 서로 맞물릴 때 반응한다는 주장이었죠. 즉, 광주기 현상은 생체시계의 존재를 입증하는 단서였습니다.

이 개념은 곧 동물 연구에서도 확인되었습니다. 철새가 계절을 따라 이동하고, 곤충이 겨울잠에 들며, 포유류가 번식 시기를 조절하는 현상은 모두 낮과 밤의 길이에 대한 인지, 곧 생체시계가 있어야 하는 반응이었죠.

생체시계의 본격적 탐구

1950년대 미국의 콜린 피텐드라이Colin S. Pittendrigh는 초파리의 우화

 시간을 연구하면서 '생체시계 리듬circadian rhythm'이라
는 용어를 정착시켰습니다. 그는 이 리듬이 단순히 빛에 의해 생기는 것
이 아니라, 내부에서 자율적으로 돌아가는 주기임을 실험을 통해 증명
했습니다.

같은 시기 독일의 아쇼프Jürgen Aschoff는 사람을 포함한 포유류에서
수면-각성 주기를 연구하여, 생체시계가 대부분의 생물에서 나타나는
보편적인 현상임을 입증했지요. 피텐드라이와 아쇼프 박사는 생체시계
분야의 개척자입니다.

1971년에는 초파리 연구를 통해 분자시계의 구성이 밝혀지게 됩니
다. 벤저Benzer와 코노프카Konopka가 돌연변이체 연구를 통해 하루 주기
가 24시간과는 다른, 짧아지거나 길어지거나, 심지어 완전히 사라지기
도 하는 돌연변이체를 동정해 냈습니다. 이후 이 돌연변이가 'periodper'
라는 유전자 돌연변이임을 밝혔죠.

이 발견은 생체시계가 분자적 장치로 존재한다는 사실을 처음으로
보여준 놀라운 결과였습니다.

1990년대에는 홀Hall, 로스바쉬Rosbash, 영Young이 초파리에서
timeless, clock, cycle 같은 돌연변이체를 동정하고 유전자를 클로닝하
여 이들의 기능을 밝히는 과정에서, 이들이 서로 얽혀 '전사-번역 피드
백 루프'를 형성한다는 사실을 밝혔습니다. 말하자면, 이들 단백질이 만
들어졌다가 다시 유전자의 작용을 억제하는 순환 과정이 24시간 주기
를 스스로 만들어 낸다는 것을 밝힌 것이지요(그림 19). 이 업적은 2017년

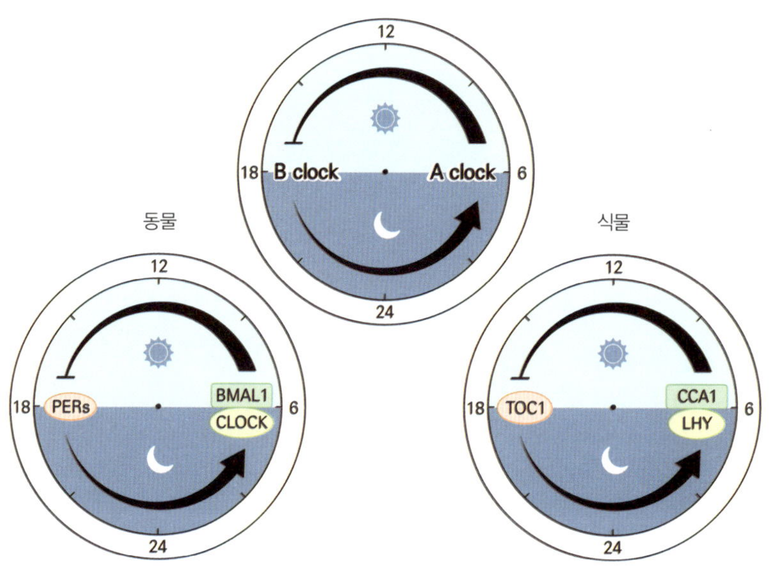

그림 19. 생체시계의 구성 분자와 작용

노벨 생리의학상으로 이어졌습니다.

식물에서도 애기장대 돌연변이체 연구를 통해 CCA1, LHY, TOC1 같은 유전자가 상호 피드백을 통해 24시간 주기를 만들어 낸다는 것이 밝혀졌습니다(그림 19). 결국 광주기성 연구에서 시작된 의문은 식물과 동물을 아우르는 보편적 해답으로 연결된 거죠.

광주기의 발견은 단순히 "꽃이 어떻게 피는가"를 설명하는 데서 끝나지 않았습니다. 그것은 식물이 빛을 어떻게 인지하는가, 그리고 더 나아가 시간을 어떻게 인지하는가, 라는 큰 질문으로 확장되었습니다.

낮과 밤의 길이를 재는 과정에서 드러난 생체시계는, 오늘날 우리가 이해하는 모든 생명체 리듬 연구의 토대가 되었습니다. 심지어 우리가 미국이나 유럽에 여행을 갔을 때 시차 문제가 왜 생기는지, 이를 극복하려면 어떻게 해야 하는지 그 해답을 제시하고 있습니다.

Chapter 2

식물의 생장

한송이 꽃을 피우기까지

개화유전자,
'플로리겐'을 찾아라!

　식물이 빛을 흡수해서 생리적인 반응을 일으키는 광수용체에는 서로 다른 네 가지 종류가 있습니다. 사람은 빛을 인지하기 위해서 로돕신 하나의 광수용체만 가지고 있는 반면, 식물은 적어도 파이토크롬을 포함해서 네 가지 서로 다른 광수용체를 가지고 있다는 거죠. "식물은 네 개의 눈을 가지고 있다"라고 해석해도 될 것 같습니다.

　나팔꽃은 전형적인 단일식물입니다. 그림 20의 왼쪽 그림처럼 단일 조건에서 이 식물을 키우면 나팔꽃은 꽃을 피울 수 있습니다. 이렇게 자라는 식물의 잎을 잘라다가 장일 조건에서 자라고 있는 나팔꽃 가지에 접목해 보면, 이 그림처럼 이파리 한 장 때문에 장일 조건에서도 나팔꽃 식물이 꽃 피는 걸 볼 수 있습니다(그림 20).

　이러한 접목 실험을 통해서 우리는 두 가지 사실을 알 수 있습니다. 첫째는 '식물의 잎이 광주기를 인지하는 기관'이라는 사실을 분명히 알 수 있습니다. 둘째는 잎에서 무언가 생성되어서 줄기를 따라 이동해 정

그림 20. 광주기를 인지하는 기관이 잎임을 보여주는 접목실험과 개화 유도 호르몬 플로리겐의 작용 설명(오른쪽)

단 조직 끝에서 꽃을 피운다는 사실을 유추할 수 있습니다.

꽃은 항상 정단 조직에서만 피니까 접목해서 붙인 잎에서 어떤 가상의 물질, 개화 유도 호르몬이 생성되어 줄기를 따라 정단 조직으로 이동하여 그곳에서 꽃을 피우게 한 것이지요(그림 20, 오른쪽). 이 개화 유도 호르몬을 1936년 챠일라키얀Mikhail K. Chailakhyan이라는 러시아 과학자가 '플로리겐'이라고 명명하게 됩니다.

이후 이 개화 유도 호르몬, 플로리겐을 찾는 작업이 오랫동안 진행되었는데, 70여 년 동안 미스터리로 남아있었습니다.

제 기억으로 80년대에 특히 그런 일이 많았던 것 같은데요. "마침내 플로리겐을 찾아냈다"라고 주장하는 논문들이 최고 권위의 저널인 사이언스나 네이처에 꽤 많이 발표되었어요.

그런데 지금 생각해 보면 그게 다 엉터리였습니다. 그렇게 실패를 거듭하면서 70~80년대를 거쳐온 셈입니다.

생화학적 방법으로 플로리겐을 순수분리하려는 시도가 오랫동안 좌절되면서, 1990년대부터는 유전학적 접근을 통해 그 실체를 밝히려는 새로운 연구들이 시작되었습니다. 때마침 애기장대라는 식물 연구의 모델 시스템이 개발되면서 플로리겐이 작동하지 않는 돌연변이체를 찾아낸다면 그 정체도 밝혀낼 수 있을 것이라 기대했지요.

결국 개화가 지연되는 돌연변이체를 분자 유전학적으로 분석하는 과정에서 플로리겐을 찾아내게 되긴 했죠. 그 과정에 좌충우돌한 느낌이 없지는 않지만…

플로리겐을 찾기 위한 분자유전학적 연구

우리가 어떤 생물학적 현상, 예를 들어, '눈이 어떻게 발생하는지' 궁금하다고 해봅시다. 이를 해결하기 위한 유전학적 접근은 먼저 돌연변이를 일으켜 눈이 제대로 발생하지 않는 돌연변이체를 찾는 것에서 시작합니다. 그런 다음 그 원인이 되는 유전자를 찾아내고, 그 유전자의 기능을 밝히는 과정을 통해 우리는 눈의 발생 기작을 이해하게 되지요. 이런 방식을 분자유전학적 연구라고 합니다.

이 방식으로 애기장대를 실험 재료로 삼아 개화 돌연변이체를 선별하는 연구가 1990년대에 활발히 이루어졌습니다. 흥미로운 사실은, 전 세계적으로 그렇게 많은 연구실이 수많은 개화 돌연변이체를 찾아냈음에도 꽃이 전혀 피지 않는 돌연변이체는 발견되지 않았다는 점입니다.

현재 식물학자들은 이를 '식물에는 여러 개의 개화 유도 경로가 존재하기 때문'이라고 해석합니다. 진화적으로 보아도 꽃이 피지 않는다는 것은 생식 불가, 곧 멸종으로 이어지는 재앙이기에, 식물이 어떤 방식으로든 개화를 보장하기 위해 다양한 우회 경로를 갖게 된 것으로 여겨집니다.

개화 지연 돌연변이체 선별

개화 기작을 밝히는 분자유전학적 연구에서 가장 먼저 성과를 낸 것은 애기장대의 개화 지연 돌연변이체 연구였습니다.

네덜란드의 마르턴 코르네프Maarten Koornneef 교수는 1980년대 후반, 애기장대 종자에 에틸메탄설포네이트ethyl methane sulfonate, EMS라는 돌연변이 유도 화합물을 처리하여 많은 개화 지연 돌연변이체를 선별했습니다. 워낙 많은 돌연변이체를 얻었기 때문에, 그는 이들을 $fa, fb, fc, fd\cdots$ 등의 이름으로 분류하고, 같은 그룹 내에서 얻어진 서로 다른 돌연변이체들은 fca, fcb, fcd 등으로 세분해 명명했습니다.

이렇게 이름을 붙인 돌연변이체들을 서로 교배하여, 동일한 유전자의 돌연변이인지, 아니면 서로 다른 유전자의 돌연변이인지를 구별하는 지루하지만 필수적인 실험을 끈기 있게 수행했습니다.

그렇다면 교배를 통해 어떻게 이를 알 수 있을까요? 만약 두 돌연변이가 같은 유전자상의 변이라면, 교배로 얻은 F_1은 여전히 개화 지연 표현형을 보입니다. 반면 서로 다른 유전자상의 변이라면, 아래 그림처럼 F_1에서 정상 개화가 회복되지요. 이러한 현상을 유전학에서는 **상보성**complementation이라고 부릅니다.

		fm1 X fm2	
동일 유전자 돌연변이인 경우	F1	fm1 / fm2	개화 지연
다른 유전자 돌연변이인 경우	F1	<u>fm1</u> <u>fm2</u> + +	개화 정상

이런 꼼꼼하고 인내심 있는 실험 과정을 통해, 코르네프 교수는 총 11개의 개화 관련 유전자를 찾아냈습니다. 이어 이들 돌연변이체의 생리학적 특성을 분석하는 과정에서 광주기를 인지하지 못하는 세 종류의 돌연변이체를 찾아냈습니다. 이들이 콘스탄스CONSTANS; CO, FT, 자이겐티아GIGANTIA; GI 등의 유전자 돌연변이입니다.

이후 분자생물학적 연구를 통해 마침내 2007년, "그토록 찾아 헤매던 플로리겐이 바로 FT 유전자가 암호화하는 단백질"임이 밝혀졌습니다. 무려 약 80년 만에 플로리겐의 실체가 드러난 순간이었지요.

광주기 반응을 매개하는 CO-FT 모듈

플로리겐이 밝혀지고 난 뒤, 식물학자들은 새로운 사실을 알게 됩니다. 많은 연구를 통해서 "광주기에 의해 조절되는 다양한 생리적 현상이 똑같은 유전자 모듈, 즉 개화를 조절하는 유전자 모듈이었던 CO-FT 모듈에 의해서 조절"된다는 걸 알게 된 거죠.

나무에서 겨울눈이 형성되는 기작도 광주기에 의한 조절을 받습니다. 겨울눈은 일반적으로 여름 혹은 가을에 만들어져 추운 겨울을 넘기고 다음 해 봄에 나는 싹을 말합니다.

겨울눈 형성을 조절하는 유전자도 CO-FT 모듈임이 후에 밝혀지게 됩니다. 더욱 놀라운 것은 덩어리 감자의 형성도 광주기에 의해 조절되는데, 이때도 CO-FT 모듈이 작용한다는 것입니다. 그러니까 "CO-FT 유전자 모듈은 진화적으로 굉장히 잘 보존된 거의 모든 식물체에 들어 있는 유전자 모듈로서 광주기 반응에 관여한다"라고 얘기할 수 있습니다.

이런 모듈을 생물학에서는 유전자 도구 세트genetic tool kit라고 하지요.

13

'춘화처리'를 아시나요?

'춘화처리'라는 말을 들어본 적 있으신가요? 처음 들어보신다고요? '춘화처리vernalization'는 식물이 온도를 인지하는 능력이 있어, 특히 긴 겨울의 저온을 경험한 뒤 꽃을 피우게 되는 생리적 현상을 말합니다.

적지 않은 식물들은 겨울의 추위를 겪지 않으면 봄에 꽃을 피우지 못합니다. 대표적인 예로 겨울보리, 겨울밀, 그리고 월동형 배추가 있지요. 이런 식물들은 겨울의 저온을 반드시 거쳐야 꽃을 피웁니다(그림 21).

예를 들어, 겨울보리와 겨울밀은 가을에 파종해야만 겨울을 지나 봄에 꽃이 피고 이삭을 맺습니다. 만약 봄에 파종하면 꽃이 피지 않아 결국 곡식을 얻을 수 없습니다. 월동형 배추도 마찬가지입니다. 여름에 파종해 늦가을에 수확하면 김장용 배추가 되지만, 그중 일부를 겨울 동안 밭에 그대로 두면 다음 해 봄에 꽃이 피고 씨앗을 맺게 됩니다. 이렇게 얻은 씨앗으로 농부들은 다시 다음 해 농사를 짓지요.

그림 21의 오른쪽 사진은 가을배추의 예를 보여줍니다.

그림 21. 춘화처리에 의해 꽃이 피는 식물들

이 배추를 가을에 파종해 키우다가 꽃이 피기 전 따뜻한 온실로 옮겨서 계속 기르면 마치 나무처럼 키가 자랍니다. 대략 1.5m 정도까지 자라 작은 줄기가 형성되지요.

그러나 같은 배추라도 발아 시점에 춘화처리를 해주면, 사진 속 여자아이가 안고 있는 배추처럼 꽃이 피고 씨앗을 맺게 됩니다(그림 21). 이런 방식으로 농부들은 가을배추를 채종용(씨앗 생산용)으로 활용합니다.

실험실에서는 보통 약 4℃의 냉장 환경에서 춘화처리를 합니다. 그러나 모든 식물이 같은 온도에서 춘화되는 것은 아닙니다.

예를 들어, 사탕수수의 경우, 0℃ 근처의 추위가 아니라도 10℃ 정도의 비교적 온화한 저온에서 춘화 효과가 나타납니다.

즉, 춘화처리에 필요한 온도는 절대적인 값이 아니라 식물의 진화적 적응에 따라 달라지는 특성입니다. 어떤 식물은 0℃ 부근에서, 어떤 식물은 10℃ 부근에서 춘화가 일어나지요.

춘화처리는 식물의 기억 메커니즘

그런데 춘화처리가 특별한 이유는, 이 현상이 식물도 '기억할 수 있다'는 사실을 보여주기 때문입니다.

춘화는 식물이 어린 유식물幼植物 시기에 겪는 겨울 저온의 경험이고, 꽃이 피는 시점은 그보다 한참 뒤인 다음 해 봄, 식물이 성체로 자란 이후입니다. 즉, 춘화와 개화 사이에는 시간적 간격이 존재합니다(그림 22).

춘화를 마친 유식물을 따뜻한 환경으로 옮겨도 바로 꽃이 피지는 않습니다. 그러나 성체로 자랐을 때, 춘화를 겪은 식물은 꽃이 빨리 피고, 춘화를 겪지 않은 식물은 꽃이 매우 늦거나 아예 피지 않습니다. 이는 춘화를 경험한 식물이 성장 과정 동안 '겨울의 기억'을 유지하고 있다는 뜻이지요.

그렇다면, 식물은 어떻게 이 기억을 유지할까요? 그 비밀은 새 천 년이 시작된 이후, 애기장대 연구를 통해 밝혀졌습니다. 애기장대에도 '겨울형winter annual' 품종이 있어서, 겨울의 추위를 겪으면 꽃이 빨리 피고, 춘화를 거치지 않으면 꽃이 매우 늦게 피지요(그림 22).

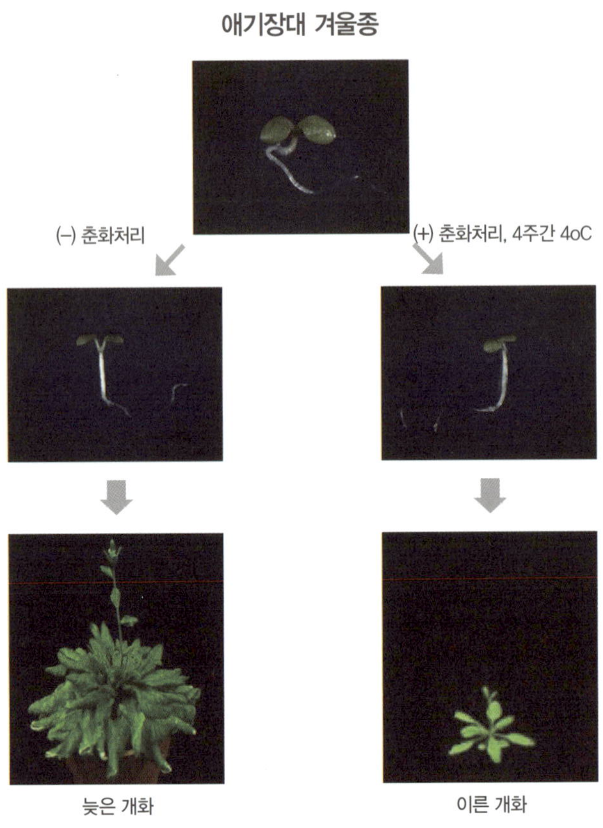

그림 22. 춘화처리는 식물의 기억 메커니즘

실험에서는 보통 애기장대를 4℃ 정도의 저온에서 약 40일간 춘화처리합니다. 이 온도에서는 생장이 매우 느리기 때문에, 40일이 지나도 식물은 여전히 유식물 상태를 유지합니다. 춘화가 끝난 뒤 이 식물을 22℃ 정도의 따뜻한 온실로 옮겨도 바로 꽃이 피지는 않습니다. 잎이 약 10장 정도 더 생성된 이후에야 꽃이 피는데, 이 기간은 대략 2주 정도 걸립니다.

결국 이 2주 동안, 식물은 자신이 춘화를 겪었는지 아닌지를 '기억'하고 있어야만 봄의 환경에서 적절한 시점에 개화할지 말지를 결정할 수 있는 것이지요.

식물은 춘화처리를 어떻게 기억하는가?

그렇다면 식물은 어떻게 춘화처리를 '기억'하게 될까요?

이를 설명하기 위해서는 먼저 한 유전자를 소개해야 합니다. 그것이 바로 '*FLOWERING LOCUS C*'를 줄여서 *FLC* 라고 불리는 개화 억제 유전자입니다.

이 *FLC* 유전자는 제가 대학원생 시절, 유전학적으로 처음 확인해 논문으로 보고했던 유전자이기도 합니다. 애기장대에서 춘화처리는 바로 이 개화 억제 유전자 *FLC*를 겨울 저온을 통해 불활성화시키는 분자적 과정입니다.

애기장대의 겨울형 품종은 춘화를 하지 않으면 *FLC*의 발현량이 매우 높습니다. 그 결과, 꽃이 피기 위해서는 잎이 약 70장 정도는 생산되어야 개화가 가능하지요.

반면 춘화를 거치면 *FLC* 발현이 크게 감소하고, 꽃은 잎이 10장 정도만 생산되면 피게 됩니다(그림 21 오른쪽 배추 사진).

흥미로운 점은, 춘화 전후에 *FLC*의 염기서열에는 아무런 변화가 없다는 것입니다. 즉, DNA 자체는 그대로인데, 발현량만 환경에 의해 달라지는 현상이지요.

이런 변화를 생물학에서는 후성유전학적 효과epigenetic effect라고 합니다. 요약하면, 식물이 춘화처리를 '기억하는 방식'은 후성유전학적 유전자 발현 억제epigenetic gene suppression라는 것입니다.

그렇다면, 이런 복잡한 메커니즘이 왜 진화적으로 필요할까요?

만약 식물이 늦가을에 꽃을 피워버리면, 겨울의 혹한 속에서 꽃이 얼어버리고 씨앗을 맺지 못하게 되겠지요. 이를 막기 위해 식물은 개화를 억제하는 유전자를 활성화한 채로 겨울을 맞게 하여 꽃이 피지 못하게 하고, 이후 충분히 긴 저온 기간을 인식한 뒤에는 개화 억제 유전자를 억제함으로써 다음 해 봄에는 꽃이 필 수 있게 하는 것입니다.

생각해 보면, 춘화처리에 필요한 물리적 요인은 두 가지입니다. 하나는 '저온', 다른 하나는 그 저온이 지속되는 '기간'입니다. 즉, 춘화처리는 단순한 저온 반응이 아니라, '긴 기다림'을 인식하는 과정인 셈이지요. 기다림의 미덕을 이렇게 세련된 방식으로 보여주는 생명체가 또 있을까요? 식물은 그저 조용히, 그러나 정교하게 봄을 준비하고 있는 것입니다.

개화 시기를 조절하는 곤충

그런데 흥미롭게도, 꽃이 피는 시기를 조절하는 것은 식물 자신이나 농부들만의 일이 아닙니다. 곤충들도 개화 시기를 '앞당기는 능력'을 지니고 있지요. 대표적인 예가 호박벌bumblebee입니다. 겨울을 지나 동면에서 깨어난 호박벌이 주변에 꽃이 없으면, 식물 잎에 작은 생채기를 내어 개화를 앞당기는 행동을 합니다.

단순히 상처만으로는 개화가 촉진되지 않습니다. 실험적으로 핀셋 등으로 같은 상처를 내어도 꽃이 빨리 피지 않지요. 즉, 호박벌이 개화를 앞당길 수 있는 이유는 잎을 물어뜯을 때 함께 분비되는 침샘의 물질이 개화 유도 신호로 작용하기 때문으로 보입니다.

아마도 식물과 곤충이 공진화하는 과정에서, 호박벌이 자신의 생존을 위해 꽃이 피는 시점을 조절할 수 있는 생리적 메커니즘을 진화시켜 온 것으로 추정됩니다.

현재는 호박벌뿐 아니라 여러 종류의 벌에서도 비슷한 개화 조절 현상이 관찰되고 있습니다. 꽃을 피우는 일은 식물의 몫이지만, 때로는 그 시기를 앞당기는 존재가 곤충일 수도 있다는 사실, 정말 흥미롭지 않나요?

14

식물이 만들어 내는
역동적 분수

우리가 잘 아는 대부분이 봄꽃, 예를 들어, 벚꽃, 철쭉, 개나리, 목련 등은 사실 겨울 동안 이미 꽃봉오리floral bud 형태로 준비되어 있던 꽃입니다.

따뜻한 봄이 오면 토양 속 얼었던 물이 녹아 식물이 흠뻑 들이킬 수 있게 되고, 온도가 오르며 물질대사가 활발해지면 미성숙한 꽃봉오리가 세포 분열을 거쳐 꽃받침, 꽃잎, 수술, 암술의 완전한 형태로 펼쳐집니다.

그래서 봄이 되면 우리 눈앞에 화려한 봄꽃이 피어나는 것이지요.

식물의 물 수송

이제 땅에서 흡수한 물이 어떻게 줄기 끝까지 올라가는지, 즉 나무의 물 수송water transport에 관해 이야기해 볼까요?

그림 23. 자이언트 세쿼이아(Sequoiadendron giganteum)

그림 23에 나오는 나무는 미국 캘리포니아 요세미티 공원에 자라는, 높이 100미터가 넘는 자이언트 세쿼이아_{Sequoiadendron giganteum} 입니다. 이 나무의 잎들은 100미터 가까운 높이의 가지 끝에 달려 있으면서도 활발히 광합성을 합니다. 그런데 광합성이 일어나려면 반드시 물이 필요합니다.

광합성은 빛 에너지를 이용해 이산화탄소와 물을 결합하여 당을 만드는 과정이니까요. 생각보다 식물의 잎은 엄청난 양의 물을 필요로 합니다.

교과서에 따르면, 100미터 높이의 자이언트 세쿼이아가 하루 동안 잎을 통해 수증기로 내보내는 물의 양은 약 1~2톤에 달한다고 합니다. 이런 현상을 증산transpiration이라고 부르지요.

증산은 단지 광합성에 필요한 물을 공급하는 역할만 하는 것이 아닙니다. 한낮의 뜨거운 햇빛 아래에서 잎의 온도를 낮추어 식히는 역할도 합니다. 그래서 한여름 낮에 울창한 숲속에 들어가면 시원함을 느끼게 되는 것이지요.

그런데 이 자이언트 세쿼이아는 하루에 1~2톤이나 되는 물을 어떻게 100미터나 되는 높이로 끌어올릴 수 있을까요? 우리가 펌프로 그렇게 높은 곳까지 물을 올리려면 엄청난 에너지가 들 겁니다. 하지만 놀랍게도, 세쿼이아는 아무런 에너지를 쓰지 않고 이 일을 해냅니다. 마치 식은 죽 먹기처럼 말이지요.

식물은 땅속의 물을 뿌리에서 흡수해 몸통(줄기)을 거쳐 잎에서 수증기로 내보내는 과정을 완전히 물리·화학적인 원리에 따라 수행합니다. 이 '나무의 물 수송'에는 크게 세 가지 힘이 작용합니다.

1. **뿌리압**root pressure – 뿌리에서 물을 흡수하며 위로 밀어 올리는 힘

2. **물의 대량 흐름**bulk flow – 줄기(관다발 조직)를 따라 물이 대규모로 이동하는 힘

3. **증산작용**transpiration – 잎에서 물이 증발하며 위쪽으로 끌어당기는 힘

이렇게 세 가지 힘이 유기적으로 연결되어 식물의 물 수송이 이루어집니다. 그리고 그 근본에는 **수분 포텐셜**water potential이라는 화학적 원리가 작용하고 있습니다.

수분 포텐셜

수분 포텐셜이란 간단히 말해, 물의 농도가 높은 곳에서 낮은 곳으로 이동하려는 경향을 뜻합니다. 이것은 모든 물질이 농도가 높은 곳에서 낮은 곳으로 퍼져나가려는 확산의 법칙과 같은 원리입니다.

그림 24의 실험 장치는 수분 포텐셜을 설명하기 위한 장치입니다. U자 모양의 유리관 가운데에 반투과성 막을 설치하고, 왼쪽에는 순수한

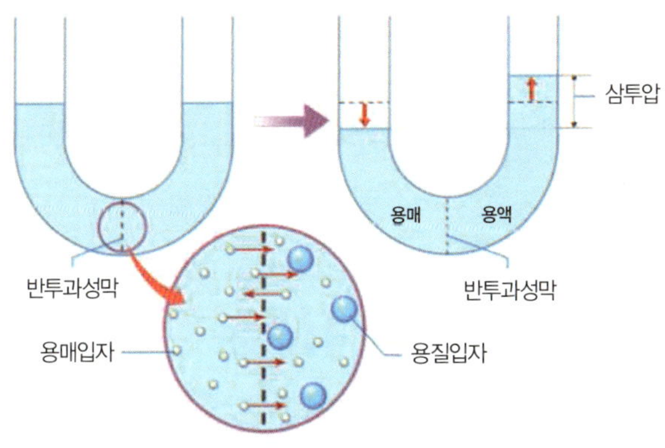

그림 24. 수분 포텐셜 설명 장치

물, 오른쪽에는 설탕물을 넣습니다.

반투과성 막은 물은 통과시키지만, 용질(설탕)은 통과시키지 못하게 막는 막입니다. 이때 물의 농도는 순수한 물 쪽이 더 높고, 설탕물 쪽이 낮습니다. 따라서 물은 농도가 높은 순수한 물 쪽에서 설탕물 쪽으로 이동하게 됩니다.

그러면 설탕물의 수위가 올라가고, 그만큼의 높이 차이에 해당하는 압력이 생기는데, 이것이 바로 삼투압osmotic pressure이며, 두 쪽 사이의 수분 포텐셜 차이로 설명됩니다.

식물의 뿌리에서 잎까지 물이 이동하는 전체 과정도 이와 동일한 원리, 즉 수분 포텐셜의 차이에 의해 자연스럽게 일어나는 것입니다.

식물의 물 수송에 작용하는 세 가지 힘

먼저 뿌리압root pressure부터 살펴봅시다.

뿌리에는 미세한 뿌리털root hair이 있습니다. 뿌리털 하나하나가 사실상 하나의 세포이며, 섬유소로 이루어져 있어서 물속에 잠기면 자연스럽게 물을 흡수합니다. 마치 종이가 물을 쭉 빨아들이듯, 뿌리털이 토양 수분을 흡수하면 수분 포텐셜 차이에 따라 물이 뿌리 표면에서 내부의 관다발 조직 쪽으로 이동합니다. 이때 발생하는 위로 밀어 올리는 힘이 바로 뿌리압입니다.

실제로 식물 줄기를 장난삼아 잘라본 적이 있다면, 잘린 면에서 수액이 위로 밀려 나오는 것을 본 적이 있을 겁니다. 그것이 바로 뿌리압에 의한 현상이지요.

다만 이 뿌리압만으로는 약 1미터 높이 정도밖에 물을 올릴 수 없습니다. 그렇다면 나무의 몸통(줄기) 안에서는 어떤 일이 벌어질까요?

줄기 속에서는 물의 대량 흐름bulk flow이 일어납니다. 이 현상의 핵심은 물 분자의 화학적 성질, 즉 응집력cohesion에 있습니다. 물 분자들은 서로를 끌어당기는 힘을 가지고 있지요. 숟가락 위에 물을 담아보면, 물이 볼록하게 올라오며 흘러내리지 않는데, 바로 이것이 물의 응집력 때문입니다.

나무 아래쪽에서는 뿌리압이 물을 밀어 올리고, 위쪽에서는 잎의 증산작용으로 물이 공기 중으로 빠져나가면서 두 힘이 연결되어 하나의 연속된 물기둥water column이 형성됩니다.

이렇게 한 번 물기둥이 형성되면, 물 분자들이 서로를 끌어당기는 응집력 덕분에 그 기둥이 끊어지지 않고 자연스럽게 위로 위로 빨려 올라가게 됩니다. 고무호스 속에 한 번 물기둥이 형성되면 위로도 쉽게 물이 공급되는 것과 같은 원리이지요.

증산작용

물 수송에서 가장 중요한 역할을 하는 것은 바로 잎에서의 **증산작용**transpiration입니다.

식물의 잎 내부를 들여다보면, 잎세포들이 다소 느슨하게 배열되어 있습니다. 이 세포들이 바로 광합성을 담당하는 엽육세포palisade와 spongy mesophyll입니다. 잎맥을 따라 흐르는 물관xylem에서는 물이 수분 포텐셜 차이에 의해 자연스럽게 잎세포 쪽으로 전달됩니다.

이렇게 이동한 물은 잎세포 내부 또는 세포 사이 공간을 통해 기공stoma에 도달합니다. 기공 바깥은 대기, 즉 공기이기 때문에 물의 농도는 잎세포 안쪽이 훨씬 높습니다.

따라서 물은 기공을 통해 수증기 형태로 밖으로 빠져나가 증발합니다. 이것이 바로 증산입니다.

잎에서 물이 증발하면, 그 자리를 메우기 위해 주변 세포로부터 새로운 물이 끌려오게 됩니다. 이러한 현상에는 표면장력surface tension이 관여합니다.

표면장력은 물의 표면이 스스로 수축해 가능한 한 작은 면적을 유지하려는 힘입니다. 숟가락 위의 물이 볼록하게 담기는 이유도, 물 분자들이 서로를 잡아당기며 표면장력을 형성하기 때문이지요.

같은 원리가 잎세포 표면에서도 작용합니다. 물이 증발해 날아가면, 그 주변의 물이 기계적으로 끌려오며 연속적으로 이동합니다. 이런 과정이 계속 반복되면서 잎에서는 증산이 효율적으로 일어나고, 동시에 나무 전체의 물 수송 시스템이 멈추지 않고 유지되는 것입니다.

식물은 물을 뿜는 분수다

한여름, 나무 몸통에 귀를 가까이에 대면 아주 미세하게 "슥슥" 또는 "쓱쓱" 하는 소리를 들을 수 있습니다. 그것은 바로 잎에서 증산이 활발히 일어나며 생기는 미세한 수분 이동의 소리입니다. 이렇게 보면, 식물은 그야말로 물을 뿜어내는 살아 있는 분수라고 할 수 있겠지요.

이제 물 수송의 원리를 이해했으니, 여름 대낮에 단풍나무 아래에 주차한 자동차의 전면 유리창이 끈적한 설탕물로 뒤덮이는 이유를 짐작할 수 있을 겁니다.

단풍나무 잎에서는 광합성을 통해 만들어진 당(즉, 실제 설탕 성분)이 다른 기관으로 이동하기 위해 물속에 녹아 있습니다. 이 물이 증산작용을 통해 미세하게 뿜어져 나오면, 그 당분이 공기 중 수분과 함께 차 유리 위에 점점이 달라붙는 것이지요. 그러니 여름철에는 단풍나무 아래 장시간 주차는 피하는 게 좋습니다.

15

식물은 어떻게
겨울을 날까요?

"그렇다면 이 물기둥은 겨울에는 어떻게 될까요?"

만약 나무 속의 물이 그대로 기둥을 이루고 있다면, 겨울에는 얼어 버릴 것이고, 그러면 동상을 입어 나무가 죽을 수도 있겠지요.

하지만 식물은 그 위험을 피할 방법을 가지고 있습니다. 가장 잘 알려진 방법이 바로 낙엽입니다. 잎을 모두 떨어뜨리면, 증산작용이 일어나는 공간이 사라집니다. 따라서 더 이상 물을 빨아들이지 않게 되고, 자연스럽게 물기둥도 끊어지게 되겠지요. 즉, 낙엽은 겨울철의 동결 피해를 막기 위한 식물의 적극적인 생존 전략인 셈이지요.

또 다른 방법은 식물이 능동적으로 물을 세포 속으로 흡수해 제거하는 것입니다. 이렇게 물이 빠져나가면서 관다발 내부에는 작은 기포air bubble가 형성됩니다. 실제로 어떤 식물생리학자는 가을에 이 기포가 생기며 터지는 소리를 녹음하기도 했습니다. 기포가 터질 때 "탁, 탁" 하는 미세한 소리가 들리니까요. 이와 같은 기포 형성을 통해 몸통 줄기 속의 물이 겨울이 오기 전 제거되면서 동상 피해를 입지 않는 것으로 생각됩니다.

최근 과학자들은 식물도 소리를 낸다는 흥미로운 논문을 발표하였습니다. 2014년 3월, 《Cell》 지에 실린 이 논문[*]에서는 식물이 가지를 자르거나 물을 주지 않아 잎이 축 늘어졌을 때 내는 초음파 신호, 일종의 '비명scream sound'을 오디오로 제시하였습니다. 한번 웹사이트에 찾아서 이 소리를 들어보시지요.[**]

식물이 내는 신음 소리를 어떻게 녹음했을까요? 이 소리는 워낙 작아 증폭해야 합니다.

그런데 그냥 증폭하면 우리 주변의 온갖 잡음들이 섞여서 들리기 때문에 식물의 소리를 우리 귀로는 구분해 내지 못할 겁니다.

이 논문의 저자들은 AI를 이용해서 실험했다고 하네요. 식물을 정상적으로 키우는 환경과 가지를 자르거나 잎이 마르게 건조 스트레스를 준 식물의 환경을 동일하게 만든 뒤 두 소리를 녹음하고, 스트레스를 준 식물의 환경에서 녹음한 소리에서 정상적인 식물 환경에서 들리는 잡음을 소거해 주었다고 하네요. 인간은 못 하지만 AI는 그 일을 쉽게 할 수 있나 봅니다. 그렇게 소거된 소리를 증폭하면 스트레스를 받은 식물이 내는 소리를 들을 수 있지요.

---

* Khait I, et al. (2023). Sounds emitted by plants under stress are airborne and informative. Cell 186:1328−1336.
** 식물 소리 오디오는 오른쪽 QR 마크 클릭하면 들을 수 있음

소리 어땠나요? 저자들은 아직 그 소리가 정확히 어디서, 어떻게 나는지 규명하지 못했다고 했지만, 제 생각에는 관다발 속의 물기둥에서 기포가 생기고 터질 때 나는 소리가 아닐까 싶습니다.

흥미로운 건, 평소에 나지 않던 소리가 식물에 상처를 주거나 건조 스트레스를 가하면 들린다는 것입니다. 이건 단순한 물리적 현상일 수도 있지만, 어쩌면 식물이 환경 자극에 반응하는 적극적인 생리 활동상의 신호일지도 모릅니다.

앞으로 이런 '식물이 내는 소리'가 새로운 연구 분야로 발전할지 기대가 됩니다. 식물이 우리에게 들리지 않는 방식으로 세상과 소통하고 있다면, 그것만으로도 참 경이롭지 않나요?

16

한 송이 꽃을 피우기까지

　평생 꽃을 연구해 온 연구자로서, 꽃 이야기를 빼놓을 수 없겠지요. 꽃은 생물체계를 구분하는 다섯 계(동물계, 식물계, 균계, 원생생물계, 원핵생물계) 가운데 오직 식물만이 지닌 기관입니다.

　그래서 꽃은 식물학자들에게 언제나 특별한 연구 대상이자, 그 아름다움으로 사람들을 매혹하는 존재이기도 합니다.

　이제부터 몇 꼭지에 걸쳐 '꽃은 어떻게 피는가'를 함께 살펴보려 합니다. 꽃이 언제 피어야 할지를 식물은 어떻게 판단하는지, 그리고 꽃이라는 기관-꽃받침, 꽃잎, 수술, 암술-이 어떻게 만들어지는지를 차근차근 이야기해 보겠습니다.

개화란 생식생장으로의 전환

식물이 언제 꽃을 피워야 할지를 결정하는 과정을 개화開花 시기 조절이라고 합니다. 먼저 개화가 무엇인지부터 살펴볼까요?

식물의 생장은 크게 두 단계로 나눌 수 있습니다. 잎을 생산하는 '영양생장 단계vegetative phase'와 꽃을 생산하는 '생식생장 단계reproductive phase'입니다. 꽃은 종자를 생산하기 위한 식물의 생식기관이므로, 꽃이 피기 시작하는 시점은 곧 생식생장 단계의 시작이라 할 수 있지요. 즉, 영양생장에서 생식생장으로의 전환transition, 바로 그 변화의 순간이 개화입니다. 이 과정은 매우 빠르게 진행됩니다.

그림 25는 식물연구의 대표 모델인 애기장대의 영양생장 단계와 생식생장 단계를 보여줍니다. 왼쪽 사진의 흰 화살표는 앞서 설명한 바 있는 줄기 정단분열조직shoot apical meristem의 위치를 표시하고 있습니다. 모든 식물 가지의 끝에는 이처럼 줄기 정단분열조직이 자리합니다. 오른쪽의 두 사진은 이 조직을 2차원으로 절단해 현미경으로 본 사진입니다. 가운데 돔형 구조물이 바로 정단분열조직입니다.

두 사진은 중앙의 구조를 제외하면 꽤 달라 보이는데, 이유는 단순합니다. 영양생장 단계에서는 정단분열조직 측면에서 잎이 만들어지고, 생식생장 단계에서는 그 자리에 꽃이 만들어지기 때문입니다. 이 사진을 보면 누구나 직관적으로 "아, 잎이 있던 자리에 꽃이 생기는구나" 하고 느낄 겁니다. 맞습니다. 바로 그 변화가 생식생장 단계의 시작

그림 25. 애기장대의 영양생장과 생식생장 단계

이지요.

'개화開花'는 식물의 생장 단계가 영양생장에서 생식생장으로 급격하게 변하는 과정이라고 말했지요. 이러한 개화가 언제 일어날지를 정교하게 결정하는 유전적 조절 기작이 모든 식물에 내재되어 있습니다.

꽃은 어떻게 때를 아는가?

식물이 광주기를 인지해 개화 시기를 결정한다는 이야기는 앞에서 다루었지요. 이때 필요한 것이 파이토크롬이라는 광수용체와 생체시계의 작동입니다. 또 많은 봄꽃이 춘화처리라 불리는 긴 겨울 저온을 거쳐야만 꽃을 피웁니다.

이외에도 식물은 주변 온도를 세밀하게 인지해 개화 시기를 조절할 수 있습니다.

요즘 "지구온난화 때문에 봄꽃이 일찍 핀다"는 이야기를 듣지요? 그만큼 식물이 온도를 예민하게 감지하고 있다는 뜻입니다.

생태학에서는 봄꽃의 개화기를 예측하기 위해 **적산온도**積算溫度라는 개념을 사용합니다. 봄철 동안 15℃ 이상 되는 날의 온도를 모두 더한 값인데, 이 수치가 높을수록 꽃이 더 빨리 핀다고 하지요. 경험적으로 얻어진 지표이지만, 식물이 온도를 얼마나 정밀하게 느끼는지를 보여주는 좋은 예입니다.

유전학적으로 가장 잘 연구된 애기장대도 따뜻한 환경에서 자라면, 저온에서 자란 개체보다 더 빨리 꽃을 피웁니다.

그 이유는 플로리겐 유전자 FT의 발현량이 고온에서 높고 저온에서 낮기 때문입니다. 말하자면 FT 유전자가 식물의 '온도계'처럼 작동한다고 할 수 있습니다.

우리 연구실에서 '꽃샘추위가 길면 봄꽃이 늦게 피는 이유'를 유전학적으로 밝혔습니다. 놀랍게도 꽃샘추위가 길어지면 개화 억제 유전자 *FLC*의 발현이 증가하여 개화가 늦춰졌습니다. 같은 저온이라도 긴 겨울 동안의 저온은 *FLC* 발현을 후성유전학적으로 억제하지만, 꽃샘추위와 같은 봄날의 짧은 냉기는 오히려 *FLC* 발현양을 늘리는 것입니다. 이처럼 식물의 환경 감지 시스템은 놀라울 만큼 정교하게 작동합니다.

한 송이 꽃이 피기까지

결국 개화가 일어나기 위해서는 광주기와 온도 같은 외부 환경 요인 뿐 아니라, 식물체의 호르몬 농도나 성숙도 같은 내재적 요인도 함께 맞아떨어져야 합니다. 그 모든 조건이 갖추어질 때 비로소, 한 송이 꽃이 세상에 피어납니다.

그래서 시인 서정주가 이렇게 노래했지요.

"한 송이 국화꽃을 피우기 위해 봄부터 소쩍새는 그렇게 울었나 보다"

자연은 수학자다

잎과 꽃의 배열

식물의 정단분열조직에서는 새로운 기관들이 끊임없이 만들어집니다. 영양생장 단계에서는 잎이, 생식생장 단계에서는 꽃이 만들어집니다.

그런데 흥미로운 사실은, 잎이나 꽃이 만들어지는 위치가 결코 무작위가 아니라는 것입니다.

예를 들어, 애기장대의 경우, 잎과 꽃은 항상 나선형으로 생성되는데, 새로운 잎은 기존 잎에서 정확히 137.5° 꺾인 위치에서 생겨납니다. 꽃도 마찬가지입니다. 새로운 꽃봉오리는 기존 꽃봉오리에서 137.5° 각도로 꺾인 위치에서 생겨납니다.

이처럼 잎(또는 꽃)이 137.5°씩 꺾이며 나선형으로 배열되는 현상을 우리는 "피보나치 수열에 따른 잎(혹은 꽃)의 배열"이라고 부릅니다.

피보나치수열은 "앞의 두 수를 더해 다음 수를 만드는 규칙"으로, 1, 1, 2, 3, 5, 8, 13 … 이런 식으로 이어지는 수열입니다. 수학적으로 표현하면, n번째 항은 바로 앞 두 항의 합이 되는 구조이지요. 이 원리를 각도에 적용하면, 그 결과가 바로 황금각golden angle, 137.5°이 됩니다.

자연은 이 황금각을 놀라울 정도로 자주 사용합니다. 해바라기 씨앗의 배열, 솔방울의 나선, 선인장의 가시, 나뭇잎의 나선형 배치까지… 모두 같은 수학적 규칙을 따릅니다. 그래서 저는 종종 이렇게 말하곤 합니다.

"자연은 수학자다."

잎이 피보나치 각도로 배열되듯, 꽃 기관의 배열에도 일정한 공간적 질서가 존재합니다.

다만, 잎이 나선형으로 배열되는 것과 달리 꽃 기관은 동심원 구조whorled arrangement를 이룹니다. 즉, 동일한 종류의 꽃 기관이 하나의 원판 위에 동심원상으로 배열되는 형태이지요. 말하자면, 제일 바깥 원판

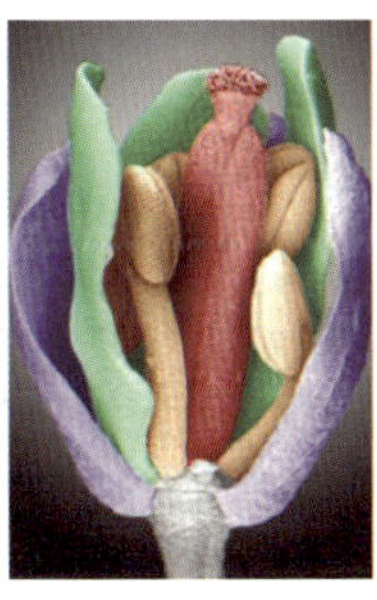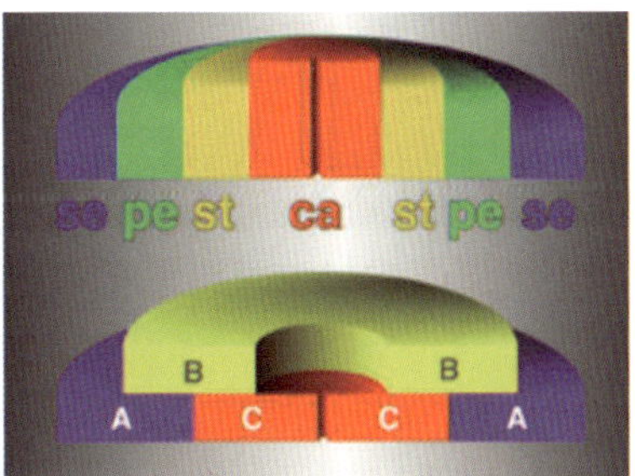

그림 26. 애기장대 꽃기관과 ABC 모델

에는 4개의 꽃받침, 그 안쪽 에는 4개의 꽃잎, 그보다 더 안쪽 원판에는 6개의 수술, 그리고 중심에는 2개의 암술이 자리 잡습니다(그림 26).

이 과정을 전자현미경으로 관찰하면 정말 흥미로운 장면이 펼쳐집니다. 마치 연못에 돌을 던졌을 때 퍼져나가는 동그라미 파문처럼, 꽃 기관들이 차례차례 만들어지는 모습이 보이지요(그림 27).

처음 꽃봉오리가 생길 때는 바깥쪽 원판, 즉 꽃받침의 원형 구조가 형성됩니다(그림 27의 두 번째 열 위 전자현미경 사진의 붉은 원 안에 3이라고 쓰인 꽃봉오리 단계). 그다음 단계로 들어서면, 꽃받침 사이의 안쪽이 부풀어 오

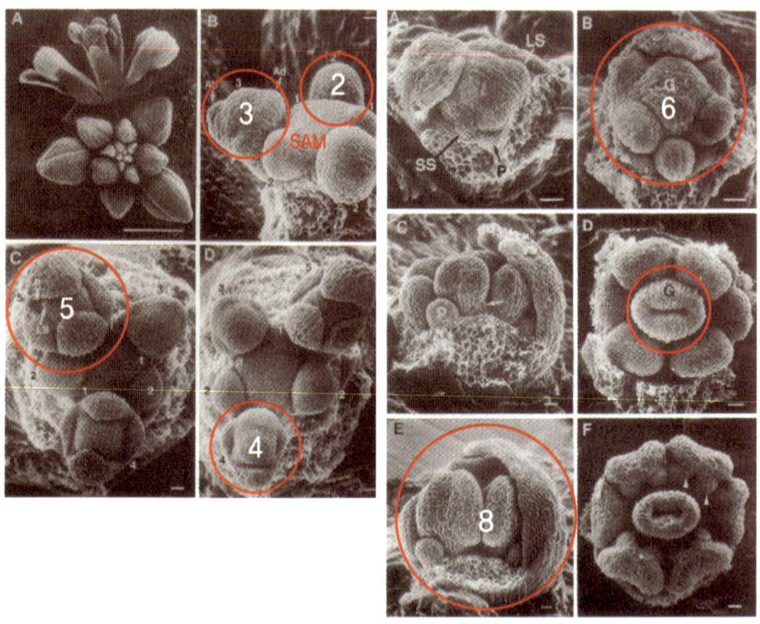

그림 27. 꽃기관 발달 단계. 붉은색 원 안의 흰 숫자는 발달 단계 순서를 의미. G는 암술. SAM은 정단분열조직.

르면서 꽃잎의 원판이 만들어집니다(단계 4와 5단계 설명). 흥미롭게도 꽃받침과 꽃잎은 정확히 45° 각도로 어긋나게 배치되어 있어 공간을 가장 효율적으로 활용하게 됩니다. 이후에는 꽃잎 안쪽에 또 하나의 동심원이 생기며 6개의 수술이 만들어지고(단계 6~8 설명) 마지막으로 남은 중심 부분이 2개의 암술이 됩니다.

비유하자면, 연못 속 돌이 만들어 낸 동심 파문이 안쪽으로 차례로 번져가듯, 꽃의 각 기관도 일정한 순서와 각도로 정교하게 배치되는 것입니다. 이렇게 질서 정연한 구조를 들여다보면 우리는 꽃이 단순히 아름다운 존재가 아니라, 수학적 질서와 발생학적 원리가 완벽히 조화를 이룬 결정체임을 깨닫게 됩니다(그림 27).

18

꽃 기관은 'ABC 모델'로 발달한다

전자현미경으로 본 꽃의 발달 과정을 떠올려 봅시다. 꽃받침, 꽃잎, 수술, 암술이 순차적으로 만들어지지요. 그렇다면 이런 꽃 기관들은 어떻게 만들어질까요?

이 질문에 깊은 관심을 가지고 연구한 학자가 있습니다. 바로 미국 칼텍Caltech의 엘리엇 마이어로위츠Elliot Meyerowitz 교수입니다.

마이어로위츠 교수는 원래 초파리 유전학을 연구하던 과학자였습니다. 초파리 연구에서 일가를 이룬 그는, 어느 날 이렇게 생각했습니다.

'식물만이 가진 특별한 기관은 없을까?'

그 질문의 답이 바로 '꽃'이었습니다. 그는 연구 방향을 과감히 바꾸어 꽃의 발달 과정을 탐구하기 시작했습니다. 그 결과, 식물의 꽃기관이 만들어지는 원리를 설명하는 아름답고 간결한 모델, 바로 ABC 모델이

탄생하게 됩니다.

돌연변이에서 시작된 모델

마이어로위츠 교수는 먼저 꽃 기관에 이상이 있는 돌연변이체들을
선별하였습니다. 그중 꽃의 구조가 비정상적으로 변형된 개체들을 집

정상 꽃의 구조

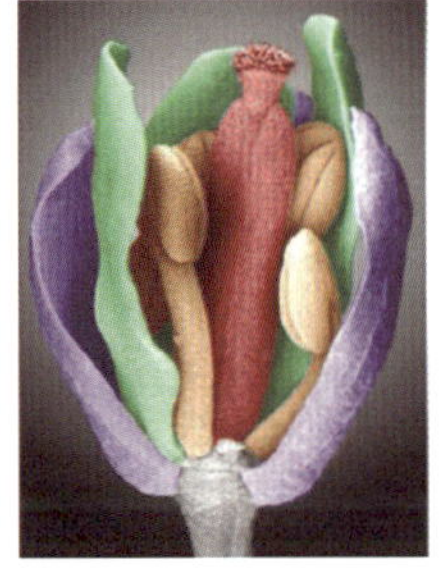

돌연변이 꽃의 구조

A 돌연변이   B 돌연변이   C 돌연변이

그림 28. 꽃기관 발달의 세 돌연변이체

중적으로 관찰했지요. 그 결과, 세 가지 유형의 흥미로운 돌연변이체가 나타났습니다(그림 28). 그는 이들을 각각 A, B, C 돌연변이체라 불렀습니다.

그림 28의 위쪽은 정상적인 애기장대 꽃 구조를 보여줍니다. 이와 비교하면서 세 돌연변이체의 차이를 살펴봅시다.

- **A형 돌연변이체**는 꽃받침이 사라지고, 그 자리에 암술과 비슷한 기관이 생겨 있습니다. 또 수술의 수가 줄어들었지요.
- **B형 돌연변이체**는 가장 바깥쪽의 꽃받침은 비교적 정상입니다. 그러나 그 안쪽 자리에는 꽃잎 대신 꽃받침처럼 생긴 기관이 생겨 있습니다. 수술 자리에는 암술 비슷한 기관이 자리하고, 중앙에는 정상적인 암술이 있습니다.
- **C형 돌연변이체**는 더 흥미롭습니다. 바깥쪽 꽃받침과 꽃잎은 정상처럼 보이지만, 수술이 있어야 할 자리에 꽃잎이 또 한 겹 생겨납니다. 그 안쪽에는 녹색의 구조가 나타나는데 꽃받침으로 해석됩니다. 중앙부에는 마치 무성한 꽃잎들이 겹겹이 만들어진 듯 보입니다.

A, B, C 돌연변이체의 해석; 단순화의 힘

이 세 가지 돌연변이체를 분석한 사람은 마이어로위츠 교수의 대학원생, 존 보우만John L. Bowman 이었습니다.

보우만은 이 복잡한 표현형을 어떻게 이해해야 할지 오랫동안 고민했다고 하지요. 결국 그는 놀라울 만큼 단순한 방식으로 문제를 정리했습니다. 그는 세 돌연변이체를 가장 단순한 도식(그림 29)으로 표현했습니다.

이 단순화가 바로 ABC 모델의 핵심 착상으로 이어졌습니다.

저는 이 이야기를 학생들에게 들려줄 때마다 "과학의 통찰은 단순화에서 시작된다"고 말하곤 합니다. 뉴턴이 'f=ma'를 발견할 수 있었던 것도 복잡한 실험 결과를 단순화했기 때문이지요. 보우만의 해석 역시 그러했습니다. 불필요한 복잡성을 걷어내자, 꽃의 발달 원리가 놀라울 만

	1	2	3	4
정상	꽃받침	꽃잎	수술	암술
a 돌연변이	암술	수술	수술	암술
b 돌연변이	꽃받침	꽃받침	암술	암술
c 돌연변이	꽃받침	꽃잎	꽃잎	꽃받침

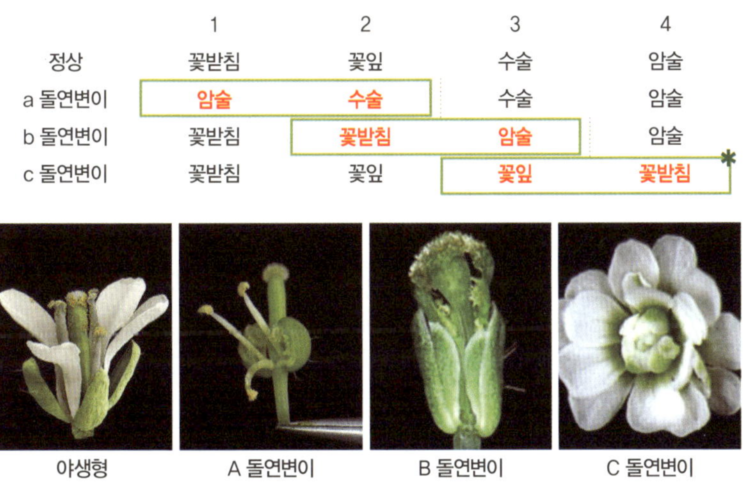

그림 29. A, B, C 돌연변이체의 해석

큼 명료하게 드러난 것입니다.

실제로 저는 20여 년 전 의예과 학생들에게 이 단순화 모델을 보여
주고 꽃 기관 발달의 원리를 스스로 찾아보라고 한 적이 있습니다. 놀랍
게도 대부분의 학생들이 보우만이 제시한 ABC 모델과 같은 해석을 도
출했습니다. 그만큼 단순한 원리 속에 진리가 숨어 있던 것이지요.

ABC 모델의 핵심 구조

이제 간단히 ABC 모델의 내용을 정리해 봅시다.

- A 유전자가 망가지면, 첫 번째와 두 번째 원판(꽃받침·꽃잎 자리)의
  기관이 변형됩니다.
- B 유전자가 망가지면, 두 번째와 세 번째 원판(꽃잎·수술 자리)의 기
  관이 변형됩니다.
- C 유전자가 망가지면, 세 번째와 네 번째 원판(수술·암술 자리)의 기
  관이 변형됩니다.

흥미롭게도, 변형된 기관은 완전히 엉망이 된 것이 아니라 "다른 자
리의 정상 기관으로 대체되는" 모습을 보였습니다. 이런 현상을 초파리
유전학에서는 호메오틱 돌연변이homeotic mutation 라고 부릅니다. 초파

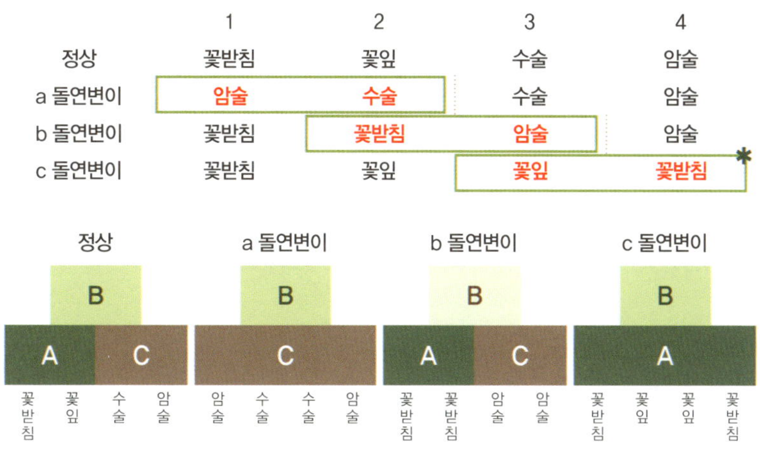

그림 30. ABC 모델과 그 해석

리 연구에 익숙했던 마이어로위츠 교수에게 꽃 기관 돌연변이체들이 보여주는 이 패턴은 즉시 눈에 들어왔을 것입니다.

또 하나의 중요한 특징은 A와 C 유전자의 길항작용입니다. A 유전자가 손상되면 C 유전자가 그 자리를 대체하고, 반대로 C 유전자가 결손되면 A 유전자가 중심부까지 확장되어 작용하지요. 이렇게 세 가지 유전자의 상호작용을 도식화한 것이 ABC 모델(그림 30) 입니다.

이를 꽃 기관 형성의 원리로 다시 풀어 해석하면, 꽃받침은 A 유전자 혼자 작용해서 만들어진 기관, 꽃잎은 A 유전자와 B 유전자가 상호작용해서 만들어진 기관, 수술은 B 유전자와 C 유전자가 상호작용, 암술은 C 유전자 홀로 작용해서 만들어진 기관이라는 것이 ABC 모델입니다.

이 단순한 조합이 꽃의 복잡한 형태를 설명해 줍니다. ABC 모델은 그 아름다운 단순함 덕분에, 오늘날까지도 식물 발달유전학의 모범사례로 칭송되고 있습니다.

MADS-box 유전자와 ABCDE 모델로의 확장

ABC 모델이 제안된 뒤, 연구자들은 "그렇다면 A, B, C 유전자는 어떤 종류의 유전자인가?"라는 질문을 던졌습니다. 그리고 이들 대부분이 MADS-box 유전자라는 사실이 밝혀졌습니다. MADS-box는 $MCM1$(효모), $AGAMOUS$ (애기장대), $DEFICIENS$ (금어초), SRF (사람) 유전자의 머리글자를 딴 이름으로, 발생 과정에서 기관의 정체성을 결정짓는 전사인자transcription factor들을 가리킵니다.

이 유전자들은 서로 다른 자리에서 작동하며, 특정한 조합으로 결합해 각각의 꽃 기관의 운명을 결정합니다. 예를 들어,

- A class에는 APETALA1$_{AP1}$, APETALA2$_{AP2}$,
- B class에는 APETALA3$_{AP3}$, PISTILLATA$_{PI}$,
- C class에는 AGAMOUS$_{AG}$ 유전자가 속합니다.

이후 연구가 더 진행되면서 두 가지 추가 요소가 밝혀졌습니다. 바로 D class와 E class 유전자입니다. 이들이 포함된 확장 모델을 ABCDE 모

델이라고 부릅니다.

- D class 유전자는 암술 안에서 배주ovule 형성에 관여합니다.
- E class, 즉 SEPALLATASEP 유전자군은 다른 모든 클래스의 유전자가 제대로 작동하도록 돕는 보조 조절자co-factor 역할을 합니다.

즉, 꽃의 모든 기관은 A~E 클래스의 MADS-box 단백질들이 서로 결합하여 복합체를 형성함으로써 만들어집니다. 이런 조합은 마치 음악의 화음처럼, 각각의 단백질이 한 음을 내며 조화를 이루어 꽃을 완성하는 셈이지요.

이처럼 ABC 모델은 돌연변이의 관찰에서 출발해, 단순한 논리로 꽃의 형태를 설명하고, 분자생물학적 연구로 유전자 수준의 조절 네트워크로 확장되었습니다. 그리고 오늘날 우리는 이 모델을 통해 꽃이 단지 아름다운 생명체가 아니라, 정확한 유전자 조합이 만들어 내는 수학적·음악적 질서의 결정체임을 이해하게 됩니다.

19

꽃은 잎이 변형된 형태다

괴테의 통찰

ABC 모델을 이해하고 나면 이런 궁금증이 생깁니다.

'만약 A, B, C 유전자가 모두 망가지면 어떻게 될까?'

흥미롭게도, ABC 모델 자체는 이 질문에 대한 예측을 포함하지 않습니다.

하지만 이 물음을 이미 200여 년 전에 던졌던 사람이 있었습니다. 바로 《파우스트》와 《젊은 베르테르의 슬픔》으로 잘 알려진 독일의 시인이자 자연철학자 요한 볼프강 폰 괴테Johann Wolfgang von Goethe, 1749~1832 입니다. 괴테는 문학가이면서 동시에 깊은 관찰력을 지닌 식물학자였습니다. 1790년에 발표한 짧은 에세이, 〈식물의 형태학Metamorphosis of Plants〉에서 그는 놀라운 통찰을 제안합니다.

"꽃은 잎이 변형된 형태다."

그는 실험 도구도, 유전학 지식도 없던 시절에 단지 자연을 오래 관찰하며 이런 결론에 이르렀습니다. 그런데 이 단순한 제안이 200년 뒤 분자유전학으로 입증됩니다.

괴테의 예언, 유전학이 증명하다

ABC 모델의 세 유전자가 모두 망가진 삼중 돌연변이체를 만들어 보았더니, 정말로 괴테의 말처럼 "잎으로 만들어진 꽃"이 형성되었습니다 (그림 31). 겉보기에는 꽃처럼 보이지만, 자세히 들여다보면 꽃받침·꽃잎·

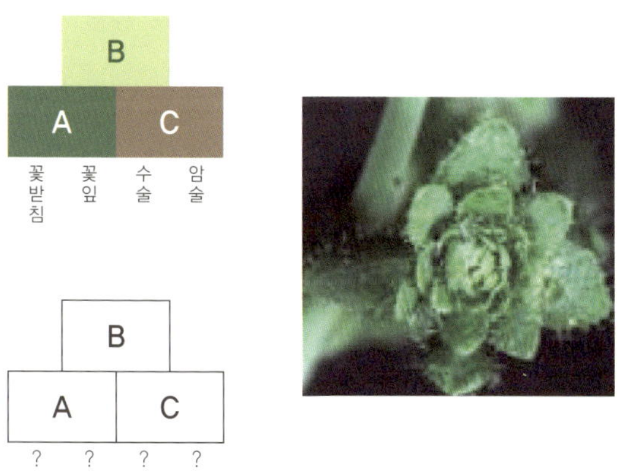

그림 31. ABC 유전자가 모두 망가진 삼중 돌연변이체

수술·암술이 사라지고 모두 잎 조직으로 대체되어 있습니다.

괴테는 단지 관찰만으로 그 사실을 꿰뚫었고, 유전학은 그 통찰의 정확성을 200년 만에 증명했습니다. 이보다 더 아름다운 과학사적 만남이 있을까요?

ABC 모델로 설명되는 다양한 꽃의 형태

우리가 보는 꽃은 대부분 완전화complete flower입니다. 꽃받침, 꽃잎, 수술, 암술을 모두 갖춘 형태이지요. 하지만 자연에는 꽃잎이 없거나, 수술이 결여된 불완전화incomplete flower도 많습니다. 흥미롭게도 이런 모든 변이는 ABC 모델의 미묘한 변형으로 설명이 가능합니다.

예를 들어, 마디풀과 식물은 꽃잎이 없습니다(그림 32). 이 경우 B 유전자가 세 번째 자리(수술 자리)에만 발현되고 두 번째 자리(꽃잎 자리)에서는 꺼져 있기 때문입니다. 결과적으로 '꽃받침-꽃받침-수술-암술'의 구조가 되지요.

반대로 튤립은 꽃받침이 없습니다. 꽃잎이 두 겹으로 겹쳐 있고, 그 안쪽에는 수술과 암술이 형성됩니다.

이 현상은 B 유전자의 발현 영역이 바깥쪽으로 확장된 결과로 설명됩니다. 즉, 첫 번째 자리까지 B 유전자가 확장되면 A와 B가 함께 작용해 '꽃잎-꽃잎-수술-암술' 구조가 만들어집니다.

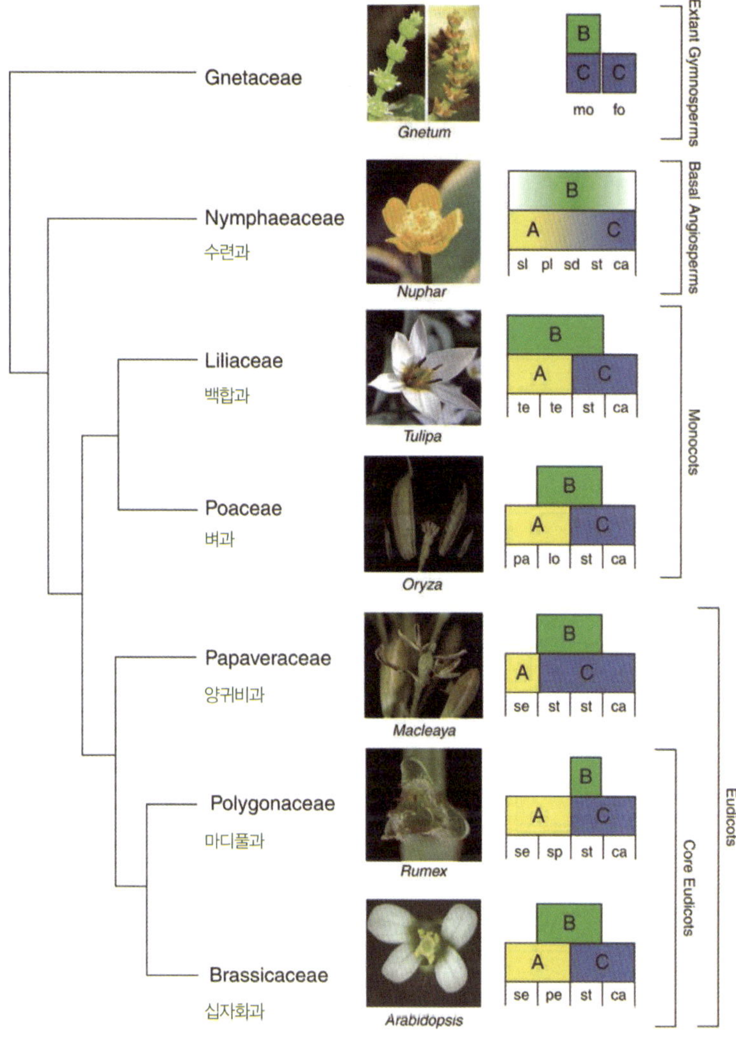

Theissen, G. et al. Ann Bot 2007 100:603-619

그림 32. 모든 식물의 꽃은 ABC 모델의 변형으로 설명 가능

이처럼 ABC 모델은 완전화이든 불완전화이든 대부분의 꽃 기관 배열을 논리적으로 설명할 수 있는 놀라운 단순함을 지니고 있습니다(그림 32).

ABC 유전자를 작동시키는 '리피LEAFY' 유전자

그렇다면 마지막으로 이런 질문이 남습니다.

"누가 A, B, C 유전자를 켜는 걸까?"

1990년대 후반부터 연구자들은 ABC 유전자의 발현을 조절하는 상위 조절자master regulator를 찾기 시작했습니다. 그 결과 밝혀진 것이 바로 리피LEAFY, LFY 유전자입니다.

리피는 "꽃을 만들어라"는 명령을 내리는 마스터 스위치와 같습니다. 리피 단백질은 파이오니어 전사 단백질pioneer transcription factor로 작용하여 그 아래의 A, B, C 유전자들을 순차적으로 각각의 꽃 기관에서 발현되도록 스위치를 켜는 역할을 합니다(그림 33). 그 결과 각 꽃 기관이 순차적으로 생성되지요.

실제로 리피 유전자를 과발현시킨 식물에서는 놀라운 결과를 볼 수 있습니다(그림 34). 보통 포플러는 8년 이상 자라야 꽃을 피우지만, 리피

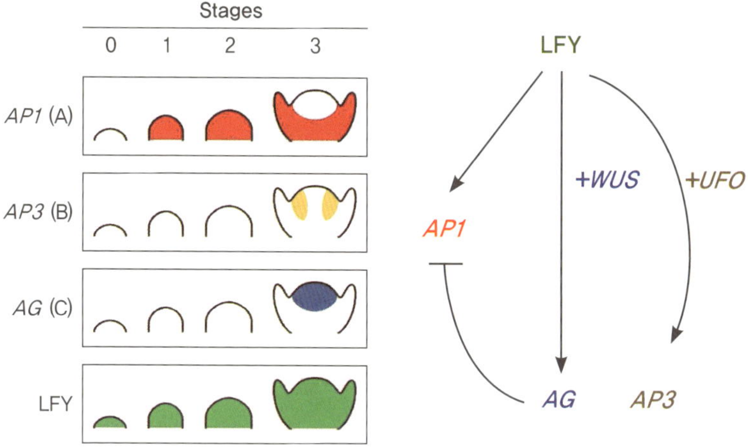

그림 33. LEAFY에 의한 ABC 유전자의 조절

포플러

오렌지

그림 34. LEAFY 유전자 과발현에 의한 조기 개화

를 과발현시키면 3~6개월 만에 꽃이 형성됩니다.

리피 유전자를 이용해 오렌지의 조숙한 개화를 유도한 결과도 있습니다. 꽃을 빨리 피우게 하는, 말 그대로 '꽃을 서둘러 피우게 하는 유전자'인 셈입니다.

플로리겐 florigen 과 꽃의 신호

그렇다면 리피는 언제 켜질까요? 리피는 개화 신호 flowering signal 를 받으면 그 발형양이 증가하는 특성을 가진 유전자입니다. 직접적으로는 개화호르몬 플로리겐에 의해 전사활성이 증가합니다. 즉 잎에서 만들어진 플로리겐이 정단 조직으로 이동하면 그곳에서 리피를 활성화시키고 그 결과 ABC 유전자의 스위치가 켜지게 되는 것입니다. 그 순간, 잎을 만들어 오던 정단분열조직은 꽃을 만드는 조직으로 전환됩니다. 즉,

"플로리겐이 리피 유전자의 스위치를 켜고, 리피가 ABC 유전자를 작동시켜 꽃을 만든다."

이것이 오늘날 우리가 이해하는 꽃이 피는 원리입니다.

20

식물도 운동을 한다?

'운동'이라고 하면 우리는 보통 동물을 떠올립니다. 팔을 흔들고, 걸음을 옮기고, 날거나 뛰는 모습 말이지요. 하지만 식물은 뿌리에 고정되어 있습니다. 그래서 "식물이 운동을 한다"는 말은 언뜻 모순처럼 들립니다. 그런데 실제로 식물이 움직이는 장면을 본 적이 있으신가요?

유튜브에서 '식물의 움직임'을 검색해 보면, 수많은 영상이 나옵니다. 물론 이들은 식물의 생장을 타임랩스time-lapse 기법으로 촬영한 영상이지요. 시간이 압축되어 보이기 때문에 우리는 그제야 식물이 실제로 '움직이고 있다'는 사실을 깨닫습니다.

이 영상들은 한 가지 진실을 명확히 보여줍니다. 식물의 생장은, 동물의 운동과 본질적으로 다르지 않다. 동물은 몸을 움직여 환경에 반응하고, 식물은 생장을 통해 환경에 반응합니다. 즉, '생물의 운동'이라는 관점에서 보면 식물의 생장은 동물의 운동에 상응하는 행동이라 할 수 있습니다.

매일 일어나는 식물의 잎 운동

실제 식물의 운동을 하나 살펴볼까요? 동영상[*]에 보이는 잎의 상하 운동은 **생체시계**에 의해 조절되는 24시간 주기의 주기적 움직임입니다. 대부분의 식물이 이런 잎 운동을 하지만 우리는 그 사실을 거의 인식하지 못합니다. 왜냐하면, **식물의 시간은 인간의 시간보다 훨씬 느리게 흐르기 때문**이지요. 서로 다른 시간 프레임 속에서 살아가는 두 생물, 그것이 바로 동물과 식물입니다.

그렇다면 식물은 왜 이런 잎 운동을 할까요? 낮에는 태양 빛을 최대한 받기 위해 잎을 위로 들어 올리고, 정오 무렵 햇빛이 너무 강해지면 잎을 비스듬히 세워 빛의 강도를 줄입니다. 오후가 되어 빛이 약해지면 다시 잎을 내려 더 많은 빛을 받고, 밤이 되면 잎을 완전히 내려 하루를 마감하지요.

이처럼 잎의 일주기 운동은 **광합성 효율을 극대화하기 위한 진화적 적응**으로 이해할 수 있습니다.

* 식물의 잎 운동 동영상; https://www.youtube.com/watch?v=8RUhSPW2G-s

잎을 들어 올리는 힘, 팽압

이제 잎의 움직임을 가능하게 하는 물리적 원리를 살펴보겠습니다. 식물이 잎을 들어 올리고 내리는 데 이용하는 힘은 바로 팽압turgor pressure입니다. 팽압은 식물 잎의 형태를 결정하는 가장 중요한 요인입니다. 이 원리를 이해하기 위해 누구나 겪어본 경험 하나를 떠올려 볼까요?

식물을 키우다 보면 며칠 동안 물을 주지 않아 잎이 축 처질 때가 있습니다. 그런데 물을 주면 몇 시간 만에 다시 잎이 살아나지요. 이 현상이 바로 팽압 때문입니다.

식물 세포를 현미경으로 보면 동물 세포와 달리 안쪽 대부분이 액포vacuole라는 물주머니로 차 있습니다. 잎 세포의 경우 이 액포가 세포 전체의 90% 이상을 차지합니다. 액포에 물이 충분히 채워지면 세포는 팽팽하게 부풀고, 그 팽창이 세포벽을 밀어내며 잎 전체를 단단히 지탱합니다. 즉, 세포 안의 물이 세포벽을 밖으로 밀어내는 힘, 그것이 바로 팽압입니다.

동물 세포에는 단단한 세포벽이 없기 때문에 물이 과도하게 들어가면 세포가 터져버립니다. 하지만 식물 세포는 두꺼운 세포벽이 이를 견뎌내며 팽압이 식물 조직의 구조를 유지하는 핵심 역할을 하지요.

팽압으로 움직이는 잎

잎의 밑부분, 즉 잎자루petiole 의 기저부에는 **팽압을 조절하는 특수한 세포 집단**이 있습니다. 이들은 24시간 주기로 액포의 물을 채우거나 비우면서 잎의 각도를 바꿉니다. 물이 가득 차 팽압이 높아지면 잎은 위로 들리고, 물이 빠져 팽압이 낮아지면 잎은 아래로 내려옵니다. 이 과정을 통해 잎은 하루 주기로 서서히 올라갔다 내려가는 일주기 운동을 하게 됩니다.

우리가 그 움직임을 눈으로 보지 못할 뿐, 식물은 하루 종일 하늘의 빛을 따라 천천히 몸을 움직이고 있습니다. 특히 해바라기는 그 대표적인 예입니다. 해바라기의 꽃대는 하루 동안 태양의 이동을 따라 동쪽에서 서쪽으로 천천히 회전합니다. 이 현상 역시 꽃대 아래쪽 세포들의 팽압 변화에 의해 일어나는 운동이지요.

즉, 식물은 뿌리내린 자리에서 한 발짝도 움직이지 않지만, 그 내부에서는 팽압의 섬세한 조절을 통해 하루의 리듬에 맞춰 **끊임없이 '움직이고 있는'** 생명체입니다.

식물의 '빠른 운동'과 전기신호의 비밀

지금까지 우리는 식물이 천천히 움직이는 생명체라는 사실을 보았습니다. 그러나 세상에는 놀랍게도 눈으로 볼 수 있을 만큼 빠르게 움직이는 식물도 있습니다. 그 대표적인 예가 바로 미모사Mimosa pudica와 파리지옥Venus flytrap 입니다.

미모사 – '감수성 많은 식물'의 반응

미모사는 우리가 손끝으로 건드리기만 해도 잎을 재빨리 접는 식물입니다. 그래서 영어로 sensitive plant, 즉 '감수성 많은 식물'이라 합니다. 겉으로 보기엔 단순한 반응처럼 보이지만, 그 내부에서는 정교한 생리 반응이 순식간에 일어나고 있습니다.

잎자루 끝에는 '기저부 세포pulvinus'라 불리는 팽압 조절 기관이 있습니다. 누군가 잎을 건드리면 그 부위의 세포막 전위가 순간적으로 변합니다. 이 전기적 변화가 인접한 세포들로 빠르게 퍼져 나가면서 액포 속의 이온이 이동하고, 물이 빠져나가며 팽압이 급격히 떨어집니다. 그 결과 잎이 아래로 축 처지듯 접히는 것이지요.

이 과정은 전기신호가 전달되는 속도만큼 빠르게 진행됩니다. 전기적 자극이 사라지면 세포가 다시 물을 흡수하며 팽압이 회복되고, 잎은 천천히 원래의 모습으로 돌아옵니다. 즉, 미모사의 움직임은 전기신호와 팽압 변화가 결합한 운동이라 할 수 있습니다.

파리지옥 – 전기신호가 만든 '함정'

이제 **파리지옥**Venus flytrap을 보겠습니다. 그 이름처럼 파리를 비롯한 작은 곤충을 덫처럼 잡아먹는 식물이죠. 파리지옥의 잎 안쪽에는 매우 예민한 **감각털**(trigger hai)이 있습니다.

곤충이 이 털을 한 번 건드리면 아무 일도 일어나지 않습니다. 하지만 20초 안에 두 번 이상 연속으로 건드리면 일이 벌어집니다. 잎이 '찰칵' 소리를 내며 닫히는 것이지요.

이것은 단순한 기계적 반응이 아니라, 정확히 계산된 전기신호의 통합integration 결과입니다. 첫 번째 자극은 세포 내에 전기적 준비 상태를 만들고, 두 번째 자극이 가해질 때 막전위action potential가 일정한 임곗값을 넘어서면서 잎 가장자리 세포의 팽압에 급격한 변화를 일으키며 잎이 닫힙니다.

이후 잎의 안쪽에서는 소화효소가 분비되어 곤충을 서서히 분해하고 흡수합니다. 며칠 뒤 소화가 끝나면 잎은 다시 열리고, 다음 사냥을 기다리지요.

이 짧은 시간 동안 파리지옥은 **감각**, **판단**, **행동**, **회복**의 과정을 모두 수행합니다. '식물은 느리다'는 우리의 선입견이 얼마나 얕은 오해인지 보여주는 멋진 예입니다.

식물의 전기신호 – 생명의 언어

미모사나 파리지옥만이 아닙니다. 대부분의 식물은 자극에 대한 전기적 반응을 갖고 있습니다. 빛, 온도, 상처, 건조, 중력 같은 환경 변화가 생기면 세포막의 전위가 바뀌고, 그 신호가 잎이나 줄기, 뿌리 전체로 전달됩니다.

이 전기신호는 동물의 신경 전도와는 다르지만, 역할 면에서는 놀라울 만큼 유사합니다. 즉, **식물도 전기신호를 이용해 정보를 전달**하고, 이를 바탕으로 생리적 반응을 조절하는 생명체라는 뜻이지요.

오늘날 연구자들은 식물의 전기신호를 실시간으로 측정하고, 심지어 그 신호 패턴을 '**식물의 언어**plant communication'로 해석하려 시도하고 있습니다. 언젠가 식물이 "덥다", "배고프다", "위험하다"는 신호를 보낼 때 우리의 언어처럼 이해할 날이 올지도 모릅니다.

결국, 식물은 단지 '움직이지 않는 생명체'가 아니라 자신의 시간 속에서 끊임없이 반응하고 움직이는 존재입니다. 다만 우리가 그 움직임을 느끼기에는, 식물의 시간이 너무나 천천히 흐를 뿐이지요.

21

'옥신'이 식물을
움직이게 한다

앞서 미모사처럼 빠르게 움직이는 식물의 반응은 전기신호를 이용한다고 말씀드렸습니다. 하지만 대부분의 식물에서 일어나는 일반적인 생장 반응은 조금 다릅니다.

식물은 빠르게 '움직이는' 대신, 천천히 생장하면서 방향을 바꾸는 방식으로 반응합니다. 그 대표적인 예가 바로 굴광성屆光性, phototropism입니다.

굴광성은 식물이 빛이 들어오는 방향으로 굽어 자라는 생리적 반응을 말합니다. 시간이 걸릴 뿐, 이것 또한 명백한 식물의 운동이지요.

다윈 부자의 실험

굴광성 반응을 가장 흥미롭게 연구한 사람은 다름 아닌 찰스 다윈 Charles Darwin과 그의 아들 프란시스 다윈Francis Darwin 이었습니다.

두 사람은 1880년에 《식물의 운동력The Power of Movement in Plants》이라는 책을 펴내며, 식물이 빛의 방향으로 자라는 이유는 특별한 생장 조절 물질, 즉 호르몬이 작용하기 때문이라고 제안했습니다.

이 물질은 훗날 '옥신auxin'이라는 이름을 갖게 되었고, 오늘날까지도 식물 생장을 조절하는 가장 중요한 호르몬으로 연구되고 있습니다. 다윈이 처음 그 존재를 예측했기 때문에, 옥신은 종종 '다윈의 호르몬'이라고도 불립니다.

다윈의 고전적인 굴광성 실험

다윈 부자는 귀리의 새싹, 즉 자엽초coleoptile를 이용해 실험했습니다. 귀리를 어두운 상자에 넣고, 한쪽 벽에만 작은 창을 뚫어 빛을 비추면 새싹은 늘 빛이 들어오는 쪽으로 휘어져 사라납니다. 이 현상을 관찰하던 다윈 부자는 궁금했습니다.

"식물이 빛을 어느 부위에서 감지할까? 또 어떻게 해서 그 방향으로 휘어서 자랄까?"

이를 알아내기 위해 자엽초의 끝부분을 잘라낸 뒤 굴광성 반응을 관찰하였습니다.

그랬더니 이번에는 아무리 빛을 비춰도 자엽초가 더 이상 휘지 않았습니다. 즉, 빛을 감지하는 부위가 자엽초의 끝부분(정단 조직)에 있다는 사실을 알게 된 것이죠(그림 35).

다음에는 자엽초의 끝을 그대로 놔두고 그 위에 불투명한 골무를 씌우는 실험을 해보았습니다. 결과는 같았습니다. 휘지 않았습니다. 빛이 정단 조직에 닿지 않으면 식물은 굴광성 반응을 하지 못하는 것입니다

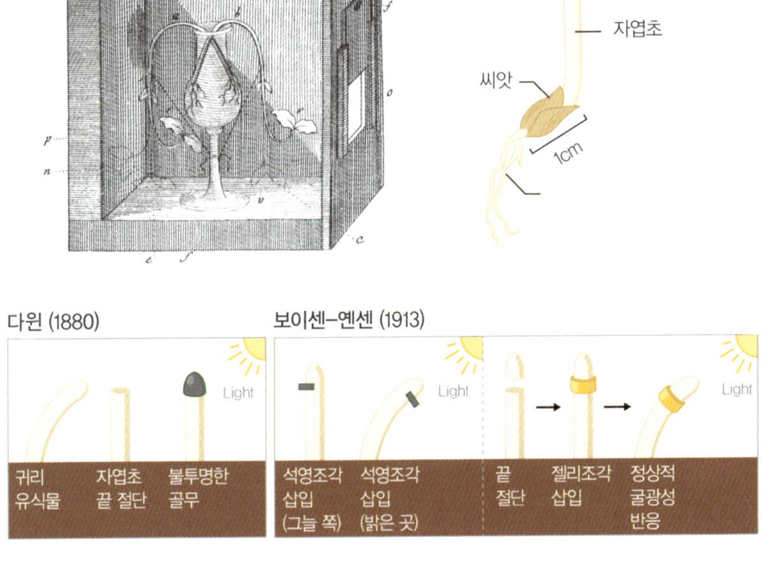

그림 35. 다윈 부자의 굴광성 실험과 보이센–옌센의 이후 실험

(그림 35). 이 결과로 다윈 부자는 다음과 같은 결론을 내렸습니다.

"자엽초의 끝부분에서 빛을 감지하고, 그 신호가 아래쪽으로 전달되어 굴광성 반응이 일어난다."

다윈의 실험을 이어받은 보이센-옌센

이후 덴마크의 생리학자 보이센-옌센Boysen-Jensen, 1883~1959이 이 실험을 한 단계 더 발전시켰습니다. 그는 자엽초의 꼭대기와 아래쪽 줄기 사이에 얇은 석영 조각을 끼워 넣었습니다.

그 결과, 석영 조각이 빛이 들어오는 쪽에 끼어 있을 때는 정상적으로 굴광성 반응이 일어났습니다. 그러나 빛의 반대쪽, 즉 그늘진 쪽에 석영 조각을 끼워 넣자, 식물은 더 이상 휘어지지 않았습니다. 석영 조각이 신호 물질의 이동을 방해한 것이지요. 이 실험에서 보이센-옌센은 다음과 같은 중요한 결론을 얻습니다.

"빛을 감지한 꼭대기에서 어떤 물질이 만늘어져 그 물질이 빛의 반대 방향으로 이동하면서 자엽초를 휘게 만든다."

이 물질이 바로 **옥신**auxin 입니다.

옥신의 작용 원리

빛이 한쪽에서 비추면, 자엽초 꼭대기에서 만들어진 옥신이 빛의 반대쪽, 즉 그늘진 쪽에서 아래 방향으로 수송됩니다. 이에 따라 그늘진 쪽 자엽초 줄기세포들은 옥신에 더 많이 노출되어 빠르게 세포 신장cell elongation을 일으킵니다.

반면 빛을 받은 쪽의 세포는 상대적으로 덜 늘어나지요. 그 결과, 줄기의 한쪽 면은 길게 자라고 반대쪽 면은 상대적으로 짧게 자라 귀리 자엽초가 빛이 있는 방향으로 휘어지게 됩니다.

이 단순하면서도 정교한 원리가 식물이 '태양을 향해 자라는' 이유이자, '빛을 찾아 움직이는' 식물의 운동 메커니즘입니다.

결론적으로 말하면, 타임랩스로 보이는 식물의 운동은 식물의 생장 반응이며, 이를 매개하는 신호는 옥신이라는 식물 호르몬입니다.

옥신과 식물의 극성

위와 아래를 구분하는 신호

옥신은 식물의 생장을 조절하는 가장 중요한 호르몬 가운데 하나입니다. 그렇다면 옥신이 실제로 하는 일은 무엇일까요?

간단히 말하면, 줄기세포의 신장을 촉진하는 역할입니다. 세포를 길게 늘어나게 하고, 그 결과 식물의 줄기와 가지가 자라게 하지요.

그런데 옥신의 역할은 거기서 그치지 않습니다. 놀랍게도 뿌리의 형성에도 결정적인 역할을 합니다.

버드나무 실험-뿌리가 나는 곳은 정해져 있다

꺾꽂이하면 가지에서 새 뿌리가 나는 현상, 한 번쯤 보셨을 겁니다. 가장 대표적인 예가 버드나무입니다. 버드나무 가지를 잘라 물기가 있는 모래에 꽂아두면 며칠 지나 아래쪽에서 새 뿌리가 돋고, 위쪽에서는 새잎이 자라납니다. 시간이 지나면 완전히 독립된 개체로 자라날 수 있지요.

　그런데 재미있는 실험(그림 36)이 있습니다. 이 버드나무 가지를 거꾸로 꽂으면 어떻게 될까요? 즉, 원래 윗부분을 아래로, 아랫부분을 위로 향하게 해보는 겁니다.

　실험해 보면 놀라운 일이 일어납니다. 이 경우(그림의 오른쪽), 위쪽(원래 아랫부분)에서 뿌리가 나고, 아래쪽(원래 윗부분)에서 새잎이 납니다. 말

그림 36. 버드나무 가지를 이용한 뿌리 형성 실험

하자면, 버드나무 가지는 어디가 위고, 어디가 아래인지 스스로 알고 있다는 뜻입니다. 이러한 방향성, 즉 위아래의 구분을 식물학자들은 '극성 polarity'이라고 부릅니다.

옥신이 만드는 '위와 아래'

그렇다면 식물의 극성은 무엇으로 결정될까요? 바로 옥신 농도의 차이입니다. 식물의 가지나 줄기에서 옥신은 언제나 정단 조직이 있는 위쪽에서 아래쪽으로 수송됩니다.

그 결과 항상 가지의 윗부분에는 옥신 농도가 높고, 아래쪽으로 갈수록 옥신 농도가 낮아집니다. 이 농도 차이가 바로 식물의 '위'와 '아래'를 구분하게 하는 신호입니다. 옥신 농도가 높은 쪽에서는 새로운 잎이 나고, 옥신 농도가 낮은 쪽에서는 새로운 뿌리가 형성됩니다. 즉, 버드나무 가지는 상대적인 옥신 농도에 따라 잎이 될지, 뿌리가 될지를 결정하는 것이지요. 그 때문에 버드나무 가지를 반으로 잘랐을 때, 위쪽 반을 혹은 아래쪽 반을 모래더미에 꽂아도 항상 윗부분에는 잎이, 아랫부분에는 뿌리가 생기는 것이지요.

굴광성과 극성의 연결

우리는 앞서 굴광성 반응에서 빛의 반대쪽으로 옥신이 이동해 세포 신장을 일으킨다는 사실을 배웠습니다. 같은 원리가 식물의 몸 전체에도 작용합니다. 옥신은 항상 정단 조직이 있는 위쪽에서 아래로 수송되면서 점차 농도 구배concentration gradient를 형성하고, 이 농도 구배가 식물의 공간적 방향성, 즉 '극성'을 만들어 냅니다.

결국, 버드나무 가지 실험은 식물이 단순히 자라는 존재가 아니라, 몸의 방향과 구조를 스스로 인식하는 존재임을 보여줍니다.

정리하면, 옥신은 줄기의 신장을 유도하고 뿌리 형성을 촉진합니다. 이외에도 뒤에서 다룰 굴중성 반응에서 보겠지만 뿌리 세포의 신장을 억제합니다.

23

'굴중성'을 아시나요?

이번에는 옥신에 의해 일어나는 또 하나의 생리 반응, '굴중성gravitropism'에 대해 이야기해 보겠습니다.

아마 예전에는 '굴중성' 대신 '굴지성geotropism'이라고 배웠던 것 같습니다. '지地' 자가 들어가 있어서, 뿌리가 마치 지구의 중심, 즉 땅을 향해 자라는 듯 보인다는 뜻이었죠.

하지만 식물이 자라는 방향을 결정하는 힘은 '지구' 그 자체가 아니라 중력gravity입니다.

그래서 요즘 교과서에서는 '지地' 대신 '중重'을 써서 '굴중성'이라 부릅니다. 즉, 식물은 중력의 방향을 인식하고, 그에 따라 몸의 일부를 휘어 자라게 하는 생리적 반응을 보이는 깃이지요.

줄기와 뿌리의 반대 반응

화분을 옆으로 눕혀 보세요. 며칠 뒤 신기한 일이 벌어집니다. 줄기는 위쪽으로, 뿌리는 아래쪽으로 휘어 자라는 걸 보게 될 것입니다. 줄기는 중력의 반대 방향으로(음성 굴중성), 뿌리는 중력의 방향으로(양성 굴중성) 자라지요(그림 37).

이처럼 같은 중력 자극에 대해 서로 반대로 반응하는 이유는 뭘까요? 놀랍게도 그 원인은 줄기세포와 뿌리 세포가 옥신에 대해 서로 반대로 반응하기 때문이랍니다.

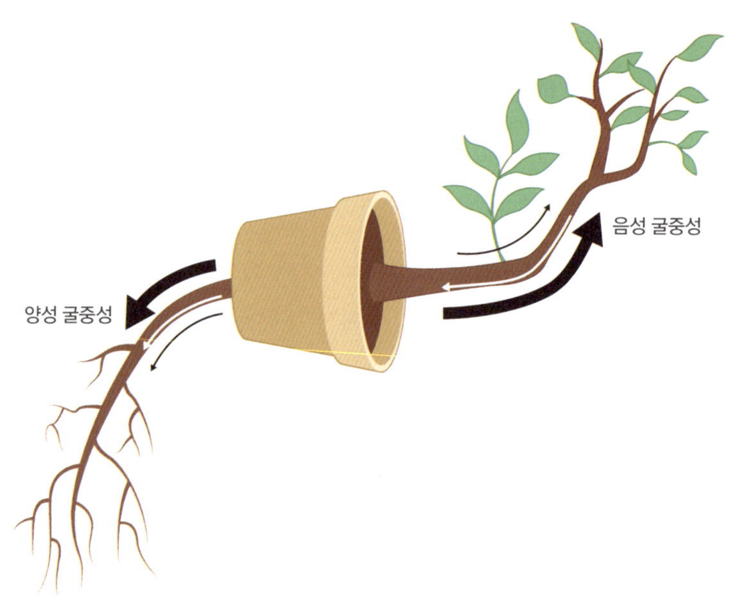

그림 37. 줄기와 뿌리의 굴중성

중력은 어떻게 인지될까?

식물을 눕혀 놓으면 세포가 중력의 방향을 감지합니다. 줄기와 뿌리의 특정 세포 안에는 전분 입자statolith가 들어 있는데, 식물이 눕혀지면 이 전분 입자들이 세포의 아래쪽으로 가라앉습니다. 그 미세한 이동이 바로 "아래쪽이 어디인가"를 알려주는 신호가 되는 것입니다. 이 신호를 받은 세포들은 옥신 수송 단백질을 이용해 옥신을 아래쪽 세포로 더 많이 보내기 시작합니다(그림 37의 흰색 화살표).

결과적으로 옥신은 줄기나 뿌리의 아래쪽 피층 세포층cortical cells에 더 높은 농도로 축적됩니다.

뿌리에서는 옥신이 세포 신장을 억제한다

줄기에서는 옥신 농도가 높은 아래쪽 세포들이 더 빠르게 신장elongation 합니다.

위쪽 세포들은 그대로인데 아래쪽 세포들이 길어지니, 줄기 전체는 자연스럽게 위쪽으로 휘게 됩니다(그림 37). 이것이 바로 음성 굴중성, 즉 줄기가 중력의 반대 방향으로 자라는 이유입니다.

하지만 뿌리에서는 이야기가 완전히 다릅니다. 옥신이 농도가 높아지면, 뿌리 세포의 신장이 오히려 억제됩니다. 그래서 아래쪽 세포들은 길게 자라지 못하고, 위쪽 세포들은 상대적으로 더 길게 자라게 되지요.

결과적으로 뿌리는 중력 방향, 즉 아래쪽으로 휘게 됩니다. 이 차이는 세포 분열의 차이가 아니라 세포 신장의 차이 때문입니다.

이같이 줄기세포는 옥신에 의해 세포 신장이 촉진되지만, 뿌리 세포는 옥신에 의해 도리어 세포 신장이 억제되는 상반되는 반응 때문에 줄기는 음성 굴중성을, 뿌리는 양성굴중성을 나타내게 되는 겁니다.

옥신의 세 가지 작용

지금까지의 내용을 정리해 볼까요? 식물의 생리 반응에서 옥신은 조직에 따라 아주 다르게 작용합니다.

1. 줄기에서는 옥신이 세포 신장을 촉진합니다.
2. 뿌리에서는 옥신이 세포 신장을 억제합니다.
3. 절단된 줄기 아래쪽 부위에서는 옥신이 새로운 뿌리 생성을 유도합니다.

하나의 호르몬이 이렇게 서로 다른 반응을 보이는 이유는 각 조직의 호르몬 감수성sensitivity과 농도concentration gradient가 다르기 때문입니다. 이것이 바로 동물 호르몬과 다른, 식물 호르몬의 흥미로운 특징이기도 합니다.

동물 호르몬은 거의 한가지 반응만을 일으키지만, 식물의 경우 하나의 호르몬이 다양한 반응을 일으키는 것이 일반적입니다. 그중에서도 옥신은 단연 독보적이죠. 오죽하면 우리 식물학자들끼리 "도대체 옥신이 관여하지 않는 생리적 반응이 있기는 해?"라고 농담으로 말할 정도입니다.

식물의 '운동'을 다시 보다

결국, 식물의 생장 반응은 동물의 운동에 상응하는 반응이라 할 수 있습니다. 빛의 방향에 반응하는 굴광성, 중력 방향에 반응하는 굴중성, 이 두 가지 모두가 옥신의 일방향 수송과 불균형 분포로부터 비롯된 결과입니다.

식물은 움직이지 않는 존재처럼 보이지만, 그 내부에서는 끊임없이 방향을 감지하고, 빛과 중력에 반응하며 자기 몸을 조율하고 있습니다. 이 얼마나 느리고 정교한, 그리고 아름다운 '운동'인가요.

Chapter 3

식물의 진화

식물에도 뇌가 있다

식물의 소통

식물에도 뇌가 있다

식물과 동물은 모두 다세포 생명체로 진화해 오면서, 서로 다른 조직과 기관이 긴밀하게 소통할 수 있는 신호 체계를 발달시켜 왔습니다.

동물에서는 신경계와 호르몬이 그 역할을 맡고 있지요. 식물에게도 그런 소통의 매개체가 있습니다. 그중 하나가 바로 옥신auxin입니다.

앞에서 이야기했듯, 버드나무 가지를 잘라도 그 식물은 여전히 위와 아래를 구분하고, 각 방향에 따라 다른 반응을 보입니다. 이는 옥신이 뿌리와 줄기 사이를 오가며 정보를 주고받기 때문입니다. 즉, 식물도 호르몬을 이용해 세포 간 신호를 전달하는, 우리 몸의 내분비 시스템과 비슷한 통신망을 가지고 있는 셈이지요.

뿌리와 줄기의 '의사결정'

이보다 한층 정교한 소통의 예가 있습니다. 2020년 《사이언스》 지에 실린 케임브리지 대학 오톨린 레이저Ottoline Leyser 교수의 연구입니다(그림 38).

그녀는 식물을 질소가 충분한 배지와 거의 없는 배지에서 각각 키워 보았습니다. 그 결과 질소가 많은 곳에서는 뿌리의 성장이 멈추고, 질소

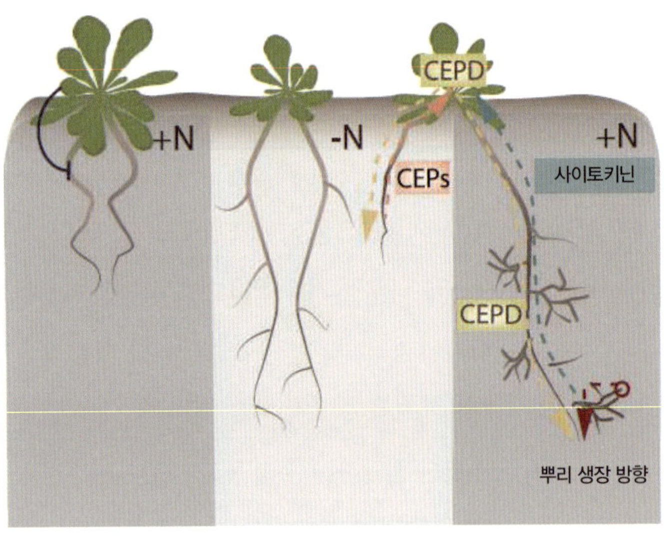

Oldroyd and Leyser (2020) Science Vol. 368; eaba0196

그림 38. 뿌리와 줄기의 의사결정. 식물을 질소 비료가 충분한 토양 속에 키우면 뿌리 생장이 억제(왼쪽)되고, 반대로 질소 비료가 없는 토양 속에 키우면 식물 뿌리는 생장이 촉진된다(가운데). 그러나 같은 식물의 뿌리 한 갈래는 질소가 없는 토양에, 다른 갈래는 질소가 풍부한 토양에 나눠서 키우면 뿌리는 정반대의 생장 을 보인다. 이렇게 뿌리 생장을 조절하는 부위는 지상부의 줄기라 생각된다.

가 부족한 곳에서는 오히려 뿌리가 길게 자라났습니다. "필요할 때만 노력한다"는 식물의 현명한 전략처럼 보이지요.

여기서 레이저 교수는 한 가지 질문을 던졌습니다.

"그렇다면 뿌리 중 일부만 질소를 만나면, 나머지 뿌리들도 그 사실을 알 수 있을까?"

그래서 한 식물의 두 갈래 뿌리를 그림 38의 오른쪽과 같이 하나는 질소가 풍부한 흙에, 다른 하나는 질소가 부족한 흙에 심었습니다.

놀랍게도 식물은 환경이 균일할 때와는 정반대의 반응을 보였습니다. 질소가 많은 쪽의 뿌리는 활발히 성장했고, 질소가 없는 쪽의 뿌리는 성장을 멈췄습니다. 이 말은, 한쪽 뿌리가 얻은 정보를 줄기를 통해 다른 쪽 뿌리로 전달했다는 뜻입니다.

"여기 질소가 풍부하니, 네 쪽에서는 굳이 더 자랄 필요 없어."

식물의 줄기가 마치 뇌처럼 정보를 통합하고 판단한 셈이지요.

다윈의 통찰–"식물의 뇌는 뿌리에 있다"

사실 이런 생각은 새삼스러운 것이 아닙니다. 식물생리학의 선구자, 찰스 다윈Charles Darwin은 이미 140년 전에 이렇게 말했습니다.

"식물의 뇌는 뿌리에 있다."

다윈은 뿌리가 단순히 흙 속에서 양분을 흡수하는 기관이 아니라, 식물 전체의 생장을 조율하는 중추라고 보았습니다. 그의 관찰은 당시에는 상상에 가까운 이야기였지만, 오늘날 여러 연구가 그것이 단순한 은유가 아님을 보여주고 있습니다. 어떤 연구들은 "뇌와 같은 기능이 뿌리에 있다"고 주장하고, 또 어떤 연구들은 "줄기가 여러 신호를 통합해 조절한다"고 말합니다.

레이저 교수의 실험 결과는 후자의 가능성, 즉 "줄기가 각 뿌리의 환경 정보를 통합해 의사결정을 내린다"는 가설을 지지합니다.

식물의 '뇌'란 무엇인가?

물론 식물에는 신경세포도, 전기적 시냅스도 없습니다. 그러나 화학적 신호를 통합하고, 그 정보를 바탕으로 합리적인 생리적 결정을 내린다는 점에서 식물의 줄기와 뿌리 시스템은 충분히 '뇌와 같은 기능'을 한다고 볼 수 있습니다.

식물의 세계에서 뇌란, 생각하는 기관이 아니라 느끼고 판단하는 시스템입니다. 즉, 식물의 뇌는 "형태가 아닌 기능"으로 존재하는 셈이지요.

정리하자면, 식물은 각 조직이 독립적으로 반응하는 것이 아니라, 화학 신호를 주고받으며 전체 수준에서 조정합니다. 줄기와 뿌리는 정보를 통합하고 판단하는 일종의 '식물의 뇌' 역할을 합니다.

25

식물체 가지 간의 소통

향기와 경고의 언어

시물은 한 몸처럼 보이지만, 그 내부에서도 끊임없는 대화가 오갑니다. 잎과 줄기, 가지와 뿌리 사이에 신호가 오가며, 하나의 가지에서 일어난 일이 다른 가지의 반응을 이끌어 내기도 하지요.

전 식물체적 상처 반응

곤충이 잎을 갉아 먹으면, 일어나는 방어 반응이 있습니다(그림 39 ⓐ). 식물의 잎 하나가 공격을 받으면, 그 잎 주변에서는 **단백질 분해효소 억제인자**proteinase inhibitor가 만들어집니다. 이 물질은 곤충의 소화를 방해해, 잎이 '맛없게' 되는 효과를 냅니다.

그런데 놀랍게도, 곤충이 갉아 먹고 있는 잎 주변뿐 아니라 식물체의 다른 가지에서도 동일한 억제인자가 생성됩니다. 마치 식물 전체가

그림 39. 전 식물체 수준의 반응(systemic response). ⓐ 상처반응, ⓑ 바이러스 반응

이렇게 외치는 것 같습니다.

"조심해! 지금 잎이 공격받고 있어. 전부 방어 태세를 갖춰라!"

이 반응을 **전 식물체적 상처 반응**Systemic Wound Response이라고 합니다(그림 39 ⓐ). 이 반응의 신호전달 물질은 1990년대 초에 밝혀졌는데, 그 주인공이 바로 시스테민Systemin이라는 18개의 아미노산으로 이루어진 작은 펩타이드입니다.

시스테민은 식물에서 발견된 최초의 펩타이드형 호르몬으로, 조직 간 펩타이드 신호를 통해 상처 정보를 빠르게 전달합니다.

병 저항성과 가지 간 소통

이런 식물 내부의 네트워크는 상처뿐 아니라 병원체 감염 시에도 작동합니다(그림 39 ⓑ). 가지 하나가 바이러스에 감염되어 시들기 시작하면, 다른 가지에서는 그 바이러스의 증식을 재빠르게 억제하는 방어 물질, 살리실산-아스피린 전구체-이 만들어집니다. 감염된 부위의 신호가 식물체 전체로 전달되어 다른 조직의 면역을 강화하는 것이죠.

아직 그 신호 물질의 정체는 완전히 밝혀지지 않았습니다. 2018년 《Cell》이라는 과학 저널에 수산화 파이프콜산이 신호 물질이라는 강력한 실험적 증거가 제시되었는데[*], 이후 이를 지지하는 논문들이 발표되지 않고 있어 대부분의 식물병리학자들은 이것도 아닌가 보다 생각하고 있습니다. 이 신호 물질의 정체는 식물 병저항성 연구 분야에서 70년 넘게 풀리지 않는 미스터리로 남게 되었습니다.

나무와 나무의 대화-에틸렌의 향기

식물 간 소통은 한 개체 내부를 넘어서 이웃한 개체 간에도 일어납

---

[*] Hartmann et al (2018) Cell. Flavin monooxygenase-generated N-hydroxypipecolic acid is a critical element of plant systemic immunity. Vol. 173: 456-469

니다.

그림 40은 가을 숲에서 똑같은 종의 두 나무가 나란히 서 있는 모습을 찍은 것입니다. 오른쪽 나무는 이미 나뭇잎이 모두 떨어졌고, 왼쪽 나무는 이제 막 단풍이 들고 있습니다. 재미있게도 두 나무 사이에 닿아 있는 가지들은 잎이 모두 떨어져 있네요. 마치 두 나무가 이렇게 말을 주고받는 것 같습니다.

"이제 가을이야, 단풍을 준비하자."
"그래, 나도 곧 잎을 떨어뜨릴게."

그림 40. 에틸렌 기체를 공기 중에 뿌려 이웃 나무에 가을이 왔음을 알려주는 나무 간의 소통

이런 현상을 매개하는 물질이 바로 **에틸렌**ethylene입니다. 에틸렌은 식물에서 발견된 최초의 **기체성 호르몬**으로, 가을이 되어 낙엽이 들기 시작할 때 잎에서 대량으로 생성됩니다. 기체이기 때문에 주변의 다른 가지나 이웃 나무에도 쉽게 전달되지요. 한 나무에서 생성된 에틸렌이 이웃 나무의 잎으로 전달되어 낙엽화를 촉진하는 것입니다.

게다가 에틸렌은 자기 증폭self-amplifying의 특성을 지닙니다. 한 바구니 안의 썩은 사과가 다른 과일까지 함께 상하게 만드는 이유도 바로 이 에틸렌의 자기 증폭이라는 연쇄 반응 때문이지요.

"지금 공격받고 있어!" – 화학적 경보 신호

식물은 외부의 적이 나타났을 때도 이웃에게 화학 신호를 보냅니다 (그림 41).

곤충이 토마토의 잎을 갉아 먹기 시작하면, 이 잎에서는 '헥시놀hexenol'이라는 알코올성 휘발 물질이 공기 중으로 퍼져 나갑니다. 이 냄새를 맡은 이웃 토마토는 곧바로 반응합니다. 이 헥시놀을 화학적으로 변형시켜 독성 물질을 합성함으로써 해충이 접근했을 때 먹지 못하도록 대비하는 것이죠.

이런 방식으로 식물은 "나한테 지금 해로운 곤충이 왔어!"라는 신호를 이웃 개체에 전달합니다. 말하자면, 식물판 무선 경보 시스템이지요.

그림 41. 해충의 공격을 받은 토마토와 이웃 토마토의 작용. 해충의 공격을 받은 토마토는 헥시놀이라는 휘발성 물질을 방출한다. 이웃 토마토는 이를 받아 독소로 전환하여 잎을 더 이상 갉아먹지 못하게 한다.

이러한 식물의 화학적 경고 시스템은 다른 종의 식물에도 전달됩니다.

1980년대 말, 미국의 식물학자 잭 슐츠Jack Schultz와 이언 볼드윈Ian Baldwin 은 참나무와 버드나무를 관찰하다가 놀라운 현상을 발견했습니다. 사슴이 한 그루의 나뭇잎을 뜯어 먹자, 그 식물은 즉시 공기 중으로 휘발성 화합물volatile organic compounds을 내보냈습니다. 그러자 바람이 불어 닿는 거리에 있는 다른 나무들까지 모두 잎 속에 방어 물질인 탄닌tannin이나 자스몬산jasmonic acid 농도를 높이는 반응을 보인 것이지요. 식물들끼리 '공기 중의 경고 방송'을 주고받은 것입니다.

식물의 소통은 이처럼 다양한 물질, 펩타이드, 기체 호르몬, 휘발성 화합물 등을 신호로 사용하여 식물 내부와 외부를 넘나드는 복잡한 네트워크를 형성합니다. 움직이지 않는 듯 보이지만, 식물은 끊임없이 신호를 주고받으며 자신과 이웃을 지키는 조용한 커뮤니케이터입니다.

26

식물도 친족을 선택한다

최근에는 "식물도 친족을 구별한다"는 흥미로운 연구 결과가 발표되었습니다.

'**친족 선택**kin selection'이라는 개념은 원래 진화생물학자들이 벌이나 개미처럼 자신을 희생해 여왕을 돕는 이타적 행동을 설명하기 위해 만든 개념이지요. 즉, 유전적으로 가까운 개체를 돕는 것이 결국 자기 유전자를 다음 세대에 남기는데 유리하다는 원리입니다.

놀랍게도 식물에서도 비슷한 현상이 발견되었습니다. 중국 연구진이 여러 품종의 벼를 한 논에 섞어 심었더니, 서로 다른 품종끼리는 뿌리가 얽히고 경쟁하느라 수확량이 떨어졌습니다.

하지만 같은 품종끼리 심었을 때는 뿌리가 서로 간격을 두고, 마치 "이 땅은 네가 써, 나는 옆으로 갈게" 하듯 공정하게 공간을 나누어 썼다고 합니다.

지상부에서도 비슷한 상황이 보고되고 있습니다. 식물은 항상 햇빛을 서로 차지하기 위해 치열한 경쟁을 합니다. 그러나 주변에 친족이 있으면 식물은 줄기나 잎의 생장 방향을 조절하여 서로 가리지 않으려는 뚜렷한 경향을 보인다고 합니다.[*]

아마도 식물의 잎 또는 뿌리 속에서 친족을 인지할 수 있는 어떤 화학적 신호가 오가고 있는 것이 아닐까 생각됩니다. 같은 유전자를 가진 이웃에게는 양보하고, 다른 유전자의 이웃에게는 경쟁하는, 식물도 나름의 사회성과 관계의 지혜를 갖고 있는 셈이지요.

최근 KAIST 최정균 교수가 출간한 《유전자 지배사회》에 따르면, 모든 생물은 이기적 유전자의 지배 아래 놓여있으며, 더 많은 유전자를 확산시키기 위한 다양한 생물학적 전략이 진화해 왔다고 합니다. 이러한 유전자 증식의 동인은 식물이라고 해서 예외는 아닌 듯합니다.

[*] Crepy and Casal (2014) New Phyt. Photoreceptor-mediated kin recognition in plants. Vol. 205; 329-338

27

식물과 다른 생명들의 대화

곤충과의 대화

식물은 땅에 뿌리를 내리고 살아가는 고착성 생명체입니다. 한자리에 고정되어 있으니 동물처럼 도망치거나 싸울 수도 없지요.

그런데 놀랍게도 식물은 주변의 다른 생물들, 곤충. 곰팡이, 세균과도 정교하게 소통하며 함께 살아갑니다. 움직일 수 없으므로 오히려 더 섬세한 방식으로 세상과 대화하는 셈이지요.

잎을 갉아 먹는 애벌레, 그리고 식물의 '복수'

제가 10여 년 전 출근길에 직접 찍은 영상이 있습니다.

아스팔트 위에서 뭔가 꼬물꼬물 기어가는 게 눈에 띄어 자세히 보니, 나비 애벌레 한 마리가 온몸에 하얗고 작은 무언가를 잔뜩 붙이고 움직이고 있었습니다. 언뜻 보면 다소 흉측하게 느껴질 수도 있었죠. 나중

에 알고 보니 그 하얀 것들은 고치벌parasitic wasp의 애벌레였습니다. 놀
랍게도 이 상황은 단순한 포식 장면이 아니었습니다. 식물이 자기 잎을
갉아 먹는 해충을 고치벌에게 고자질해 복수하는 장면이었던 겁니다.

식물은 어떻게 고치벌에게 '도움을 요청'할까?

식물은 말을 하지는 않지만, **휘발성 화합물**volatile compound로 신호를
보냅니다. 잎이 해충에게 갉아 먹히면, 세포막 일부가 손상되며 지방산
fatty acid이 방출됩니다.

이 자체로는 냄새가 나지 않지만, 애벌레의 침 속에 들어 있는 글
루타민glutamine 조각과 결합하면 **'볼리시틴**volicitin'이라는 휘발성 물질
로 변하게 됩니다(그림 42). 이 신호가 공기 중으로 퍼지면, 고치벌은 놀
라운 정확도로 그 냄새를 추적해 잎을 갉아 먹고 있는 애벌레를 찾아
냅니다.

결국 고치벌은 그 애벌레의 몸속에 알을 낳고, 그 알이 부화하면 나
비 애벌레의 영양분을 먹으며 자라지요. 식물은 직접 싸우지 않고도 천
적을 불러 **대리 방어**를 수행하는 셈입니다.

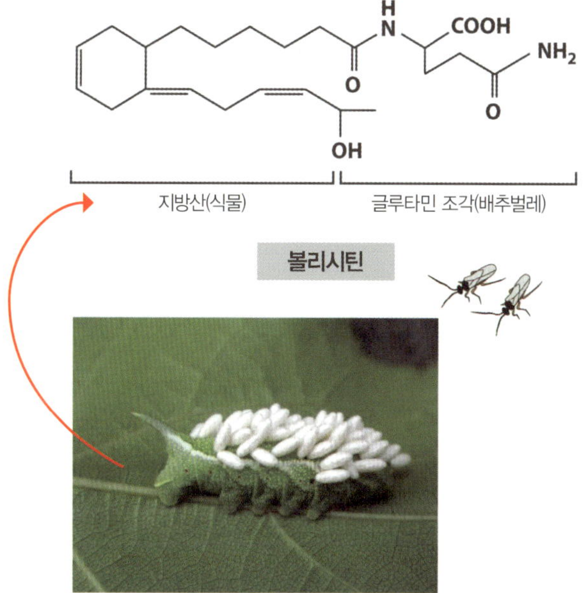

그림 42. 식물과 고치벌 간의 소통

화학생태학이 밝혀낸 놀라운 소통

이런 현상은 최근 들어 화학생태학chemical ecology 분야의 대표적인 연구 주제가 되었습니다. 식물이 내뿜는 미세한 분자 하나가 다른 생물의 행동을 바꾸고, 심지어 '누가 누구를 공격할지' 결정할 수도 있다는 사실이 밝혀지고 있지요.

식물은 침묵 속에서도 끊임없이 주변과 대화합니다. 그 언어는 향기와 냄새, 즉 분자 수준의 언어입니다. 움직이지 못하는 대신, 식물은 세상에서 가장 정교한 '화학적 커뮤니케이션의 달인'인 셈입니다.

예를 들어, 화학생태학 분야에서는 해바라기나 난초 같은 종류의 꽃들은 곤충이 가장 좋아하는 향기 물질, 예컨대, 리날룰linalool, 제라니올geraniol 같은 방향족 알코올을 꽃잎의 온도나 일조량에 따라 정교하게 조절하며 내보냅니다.

이 향기는 벌과 나비에게 '지금이 꿀이 가장 풍부할 때야'라고 알리는 신호이자, 수정 성공률을 높이는 지혜로운 전략이기도 하지요.

나이트 샤말란의 '해프닝'

이처럼 식물이 화학 신호로 곤충의 행동을 조종한다는 사실은 자연계에선 흔하지만, 인간에게는 다소 충격적인 발상입니다. 아마 그래서 영화감독 나이트 샤말란-〈식스 센스〉라는 유명한 공포물 제작-은 식물이 인간에게 '복수'하는 상상을 영화 〈해프닝The Happening〉에 담았을 겁니다.

이 영화에서 식물은 자연을 파괴하는 인간들에게 신경전달물질을 닮은 독성 화학물질을 방출해 사람들이 스스로 목숨을 끊게 만듭니다. 흥미로운 상상이지요. 실제로 이런 이야기는 식물의 화학 신호 연구에서 영감을 받은 것으로 알려져 있습니다.

하지만 과학적으로 보자면, 그런 일이 일어날 가능성은 거의 '0'에 가

깝습니다. 식물은 특정 조건에서 **세로토닌**(전구체 타이로신)이나 **도파민**(전구체 트립신)과 유사한 물질을 만들 수는 있지만, 전 세계의 모든 식물이 동시에 그런 화학물질을 대량 방출하도록 한순간에 '변화'하는 것은 진화적으로 불가능합니다.

설령 몇몇 식물이 그런 휘발성 독성 화합물을 만든다 해도, 그것이 지구 생태계 전체를 지배할 만큼 증폭되는 일은 일어나지 않겠지요. 결국 이 영화는 과학과 상상이 만나는 지점에서 과장이 덧붙은 설정을 빚어낸 셈입니다.

하지만 그만큼 식물의 '화학적 언어'가 인간에게는 얼마나 낯설고 신비롭게 느껴지는지를 보여주는 사례이긴 합니다.

28

식물과 곰팡이의 대화

땅속의 네트워크, 근균 공생

식물의 뿌리는 토양 속 영양분을 흡수하는 통로입니다. 하지만 뿌리의 표면적만으로는 흙 속의 인산염, 미량 원소, 물을 충분히 얻기 어렵습니다. 이때 곰팡이가 손을 내밉니다. 곰팡이의 균사는 뿌리보다 훨씬 가늘고 길어서, 토양 구석구석을 훑으며 식물 대신 영양분을 찾아다닙니다. 그 대신 식물은 광합성으로 만든 당분을 곰팡이에게 제공합니다. 이런 관계를 근균 공생mycorrhizal symbiosis이라 부릅니다.

작은 실험, 큰 깨달음

그림 43 속의 식물은 제가 집에서 직접 키운 '분홍 매발톱'입니다. 어느 날 지인이 귀한 씨앗을 나눠 주며 "이건 보기 힘든 변이종이에요"라고 하시더군요. 기대감을 안고 실험실에서 발아시켰는데, 싹은 잘 트더

그림 43. 분홍매발톱과 토양 곰팡이의 상호 공생. 집 화단에 옮겨심은 분홍매발톱이 꽃을 피웠다

니 얼마 지나지 않아 잎이 노랗게 말라가기 시작했습니다. 그래서 급히 집 뒷마당으로 옮겨 심었죠.

그런데 놀라운 일이 벌어졌습니다. 2주가 지나자, 잎이 새파랗게 살아나더니, 한 주 뒤엔 고운 꽃을 피웠습니다.

왜 연구실의 화분에선 죽어가던 식물이, 뒷밭의 흙에서는 생기를 되찾았을까요?

정답은 '곰팡이'였습니다. 연구실의 토양은 멸균된 실험용 흙이어서 근균이 전혀 없었고, 반면 뒷마당의 흙은 다양한 토양 곰팡이가 살아 숨

쉬는 '생명체의 세계'였던 겁니다. 분홍 매발톱은 땅속 곰팡이와 손을 잡
으며, 마침내 다시 살아난 것이지요.

근균류가 만드는 상리공생

이처럼 대부분의 육상식물들은 곰팡이와 공생하면서 살아갑니다.
식물은 광합성으로 만든 당을 제공하고, 곰팡이는 토양에서 인산염과
미량 원소를 흡수해 식물에 전달합니다.

특히 인산은 토양에서 가장 쉽게 고갈되는 무기염류인데, 곰팡이는
넓은 균사망을 통해 인을 모아 식물에게 공급합니다. 이런 곰팡이들을
근균류mycorrhizal fungi라고 부릅니다.

균사는 식물의 뿌리 주변을 감싸거나, 뿌리 세포 속으로 들어가 양
분을 주고받는 '세포 간 교류 통로'를 형성합니다. 식물과 곰팡이는 서로
의 생명을 의지하는 진정한 상생의 동반자입니다.

식물이 육지로 올라올 수 있었던 이유

이 공생은 최근에 일어난 현상이 아닙니다. 약 5억 년 전, 식물이 처
음 바다에서 육지로 올라올 때부터 곰팡이는 함께 있었습니다.

그때의 지구를 상상해 보면, 지금처럼 비옥한 흙은 없었을 겁니다. 바위투성이의 메마른 땅에서 식물은 혼자서는 살아남을 수 없었죠.

그런데 곰팡이는 바위틈 속 무기염을 흡수하는데 능했습니다. 그래서 식물은 곰팡이와 손을 잡고, 그들의 균사를 '영양 흡수의 팔'로 삼아 육상으로 진출할 수 있었던 것입니다. 결국, 오늘날 지구의 모든 숲은 **곰팡이 덕분에 태어난 문명**이라 해도 과언이 아닙니다.

'Wood Wide Web', 땅속의 거대한 대화망

최근 연구들은 땅속 곰팡이의 균사가 여러 식물의 뿌리를 서로 연결한다는 사실을 보여줍니다. 이 네트워크를 통해 나무들은 양분과 정보를 주고받습니다.

그늘 속의 어린 묘목은 이웃 나무가 보내주는 탄소를 받아 생존하고, 병든 나무는 위험 신호를 보내 이웃이 미리 방어 유전자를 켜게 만듭니다.

과학자들은 이 놀라운 시스템을 'Wood Wide Web'이라 부릅니다. 보이지 않는 지하의 네트워크, 그곳에서 식물들은 서로를 돕고, 경고하고, 나누며 살아갑니다.

뿌리 아래에서 이어지는 생명의 대화

우리 눈에 보이지 않지만, 지구의 식물 80% 이상은 지금 이 순간에도 근균류와 대화하고 있습니다. 그 대화는 느리지만, 절대 멈추지 않습니다. 식물과 곰팡이는 함께 진화했고, 그들이 얽혀 만든 이 네트워크는 지구 생태계의 보이지 않는 신경망입니다.

식물의 뿌리 끝에서 곰팡이의 균사가 속삭입니다.
"당을 조금 나눠주면, 너는 더 멀리 뻗어갈 수 있을 거야."

식물은 대답합니다.
"좋아요, 그 대신 제 잎으로 햇빛을 받아, 당신에게 양분으로 돌려드릴게요."

이렇듯 식물은 결코 혼자가 아닙니다. 그들의 대화는 향기로, 분자로, 그리고 땅속의 균사로 이어지고 있습니다.

29

식물과 세균의 대화

공생과 질소 고정

근균 공생이 식물과 곰팡이의 대화라면, 이번에는 식물과 세균이 나누는 대화입니다. 땅속에는 눈에 보이지 않지만, 식물의 생명을 지탱하는 또 하나의 동맹이 있습니다. 바로 **뿌리혹박테리아**rhizobia와의 공생이지요.

질소, 생명 유지의 핵심 원소

지구의 대기 중 78%는 질소$_2$입니다. 그런데 대부분의 생물은 이 질소를 그대로 사용할 수 없습니다. 식물이 필요로 하는 질소는 암모늄$NH4+$이나 질산염$NO3-$ 같은 형태여야 하지요. 대기의 질소를 식물이 이용 가능한 형태로 바꿔주는 일, 그걸 담당하는 존재가 바로 **질소 고정 세균**nitrogen-fixing bacteria입니다.

이 세균들은 땅속에서 자유롭게 살기도 하지만, 일부는 식물 뿌리 속으로 들어가 식물과 함께 살아가며 질소를 만들어 주는 파트너가 됩니다.

콩과 식물의 뿌리혹

콩과 식물의 뿌리를 보면 작은 혹 같은 돌기가 많이 붙어 있는 걸 볼 수 있습니다. 이걸 뿌리혹root nodule이라고 합니다.

이 혹 속에는 '리조비움Rhizobium'이라 불리는 세균이 가득 들어 있습니다. 이 세균은 놀랍게도 공기 중의 질소를 암모늄으로 바꾸어 식물에 공급합니다. 식물은 그 대가로 세균에게 당분과 산소를 나누어 주지요.

이 관계는 일종의 "생태적 계약"입니다. 세균은 질소를 고정하고, 식물은 광합성 산물을 공급하며, 서로의 생존을 돕습니다.

뿌리혹 형성의 정교한 대화

뿌리혹은 그냥 생기는 게 아닙니다. 식물과 세균은 정교한 화학적 언어로 서로를 인식하고 신호를 주고받습니다.

먼저 식물의 **뿌리털**root hair에서 **플라보노이드**flavonoid라는 신호 물질이 방출됩니다. 이 물질을 감지한 세균은 곧바로 **Nod factor**(뿌리혹 신호 물질)라는 특수한 당지질lipochitooligosaccharide을 만들어 식물에게 응답합니다. 이 신호를 받은 식물 세포는 마치 "당신의 제안을 받아들이겠습니다"라는 듯, 뿌리털 끝을 말아 세균을 안으로 들입니다. 세균은 그 통로를 따라 뿌리 세포 속으로 들어가고, 그곳에서 세균이 증식하면서 작은 혹이 형성됩니다. 그게 바로 뿌리혹입니다.

이 모든 과정이 세포 단위의 신호 교환으로 이루어지며, 그 언어는 인간의 언어보다 훨씬 정교하고 효율적입니다.

생태계 전체를 지탱하는 대화

뿌리혹박테리아가 만들어 낸 암모늄은 식물뿐 아니라 토양의 다른 미생물과 주변 생태계에도 큰 영향을 미칩니다. 이 질소는 결국 다른 식물로, 그리고 먹이사슬을 따라 동물로 흘러가며 지구 생태계를 지탱하는 순환의 일부가 됩니다. 그래서 과학자들은 말합니다.

"리조비움은 지구의 질소순환을 설계한 보이지 않는 엔지니어이다."

공생의 완성

곰팡이가 토양 속 인을 전달하고, 세균이 공기 속 질소를 고정하고, 식물은 햇빛으로 만든 당을 나눕니다. 이 세 가지의 조화가 바로 지구생태계의 삼각 협력 구조입니다.

식물은 혼자가 아닙니다. 곰팡이, 세균, 곤충, 그리고 그 위에 살아가는 모든 생명체와 끊임없는 대화를 주고받으며 지구를 하나의 유기체로 만들고 있습니다.

"지상의 생명은 서로 연결된 거대한 문장이다.

식물은 그 문장을 써 내려가는 조용한 작가이고,

곰팡이와 세균은 그 문장을 완성시키는 편집자이다."

제가 한 말입니다.

식물의 언어,
생명의 언어

이제 여러분, 우리가 함께 살펴본 이야기를 한번 돌아볼까요? 식물은 절대 침묵하지 않습니다. 움직이지 않는 듯 보이지만, 그 안에서는 놀라운 대화가 끊임없이 이어지고 있습니다.

식물은 향기로 곤충에게 신호를 보냅니다.
"지금이야, 와서 꿀을 마셔줘."
그 말에 이끌려 벌과 나비가 찾아오고, 그들의 날갯짓은 새로운 생명을 잇는 통로가 됩니다.

식물은 또 땅속 곰팡이와 속삭입니다.
"당분을 나눠줄게, 대신 인산을 조금만 가져다줘."
보이지 않는 균사들이 그 약속을 지키며, 숲을 하나의 거대한 네트워크로 엮어냅니다.

그리고 세균에게도 말을 건넵니다.

"이 뿌리 속에서 함께 살아볼래? 대신 네가 공기 중의 질소를 좀 내게 나눠줄 수 있을까?"

그렇게 만들어진 작은 뿌리혹 안에서, 질소와 탄소, 생명과 에너지가 조용히 순환을 시작합니다. 이 모든 것이 식물의 언어입니다. 소리 없는 언어, 그러나 세상을 움직이는 언어이지요. 식물은 그저 존재하는 것이 아니라, 지구 전체와 끊임없이 대화하며 살아가고 있습니다. 우리가 그 대화를 알아차리지 못했던 이유는 단 하나, 식물의 시간은 우리보다 훨씬 느리게 흐르기 때문입니다.

하지만 마음을 조금만 느리게, 시선을 조금만 낮추면 그들의 이야기가 들리기 시작합니다.

"혼자서는 살 수 없다는 것,

우리는 오래전부터 알고 있었다."

식물은 그렇게 말하고 있는지도 모릅니다. 그리고 그 메시지는 결국 우리에게도 같은 의미로 돌아옵니다. 함께 살아가는 일, 서로를 돕고, 연결되어 있다는 것. 그것이 생명의 본질이라는걸요.

31

캘빈-벤슨 회로를
아시나요?

2022년 봄, 카오스 재단에서는 '식물행성'이라는 주제로 식물에 관한 특별 강연 시리즈를 두 달간 진행했습니다. 오프라인 강연이었지만 모든 걸 잘 녹화하여 지금은 유튜브를 통해서 볼 수 있습니다.

강연 제목처럼, '식물행성'이라는 말은 단순한 은유가 아닙니다. 지구상의 생물 총량을 질량 기준으로 따져보면, 무려 생물의 84%가 식물입니다. 즉, 지구는 말 그대로 '식물의 행성'입니다. 이 거대한 행성의 생태계에서 식물은 먹이사슬의 맨 아래, 즉 모든 생명의 에너지원으로 자리 잡고 있습니다. 식물이 끊임없이 유기물을 생산해 주기 때문에 지구의 생태 피라미드가 안정적으로 유지될 수 있는 거지요.

이번 쪽지에서는, "식물은 어떻게 해서 무기물로부터 생명의 에너지를 만들어 내는가?", 그 핵심 원리를 함께 살펴보겠습니다.

광합성, 생명의 시작

식물은 **빛 에너지**를 이용해 이산화탄소$_{CO_2}$와 물$_{H_2O}$을 버무린 뒤 유기물을 만들어 냅니다. 이 놀라운 과정을 우리는 '**광합성**$_{photosynthesis}$'이라 부릅니다. 그림 44는 광합성 과정을 아주 간단하게 묘사한 것입니다.

광합성 과정의 첫 반응은 이산화탄소의 탄소가 5개의 탄소로 이루어진 당(5탄당)과 결합하여 6탄당 화합물을 잠시 형성하는 것입니다.

하지만 이 화합물은 매우 불안정하여 곧 두 개의 3탄소 화합물$_{C_3}$로 분해되지요. 이 과정을 **탄소 고정**$_{carbon\ fixation}$이라고 합니다. 이때 탄소를 붙이는 '촉매' 역할을 하는 효소가 바로 **루비스코**$_{RuBisCO}$입니다.

루비스코는 Ribulose-1, 5-bisphosphate carboxylase/ oxygenase

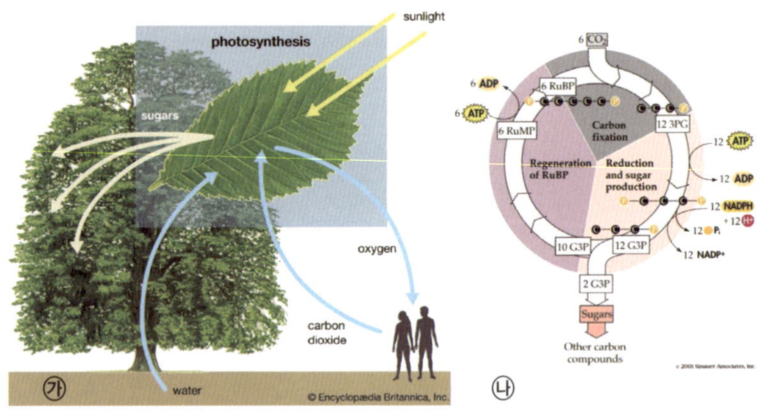

그림 44. 지구 생태계를 유지하는 광합성. ㉮ 광합성 개요, ㉯ 캘빈–벤슨 회로

의 약자입니다. 빛 에너지를 직접 사용하는 것은 아니고, 빛 의존적 반응-과거에는 명반응이라고 부름-을 통해 빛 에너지가 ATP와 NADPH 형태의 화학에너지로 바뀌면 이것을 이용하여 여러 가지 유기 분자를 거쳐 당을 만드는 것입니다.

이 과정을 캘빈-벤슨 회로라 합니다. 간단히 말하면, 광합성은 "빛 에너지를 화학에너지로 전환하여, 생명의 분자를 합성하는 과정"인 셈이지요.

캘빈의 위대한 실험

이 과정을 처음으로 체계적으로 밝힌 사람이 바로 UC 버클리의 캘빈Melvin Calvin 교수와 그의 박사후연구원이었던 벤슨Andrew Benson, 연구교수였던 바셤James Bassham입니다(그림 45).

이 연구의 출발점은 멜빈 캘빈 교수가 제안한 아이디어에서 비롯되었습니다. 그는 "탄소의 흐름을 눈으로 볼 수 있다면, 광합성의 비밀을 풀 수 있을 것"이라 생각했고, 이를 위해 방사성 동위원소인 ^{14}C를 이용해 광합성 산불의 이동 경로를 추적하는 실험을 설계했습니다. 원래 탄소는 원자량이 12인데 당시 원자량이 14인 탄소 동위원소가 발견되어 있었기 때문에 $^{14}CO_2$를 광합성 과정에 사용하면 쉽게 추적할 수 있었습니다.

그림 45. 캘빈 교수의 CO_2 고정 이후의 생합성 경로 실험 장치

캘빈의 지도 아래에서 앤드루 벤슨(Andrew Benson)은 $^{14}CO_2$를 수생식물에 처리한 뒤 일정한 시간 간격으로 수생식물의 잎을 갈아서 그 추출물을 분석하는 실험을 수행하였습니다.

그 결과, 가장 초기에 생성되는 광합성 고정 산물이 세 개의 탄소로 이루어진 3-포스포글리세르산(3-PGA)임을 밝혀냈지요.

한편 바섐은 화학 분석에 능했기 때문에, 방사성 동위원소로 표지된 여러 가지 대사 산물들의 화학적 조성과 순환 경로를 정량적으로 분석했습니다. 그는 대사 중간체들이 서로 어떻게 전환되는지를 계산해 "탄소의 흐름을 도식화한 최초의 생화학적 지도", 즉 캘빈-벤슨-바섐 회로Calvin-Benson-Bassham Cycle를 완성하는 데 핵심적 역할을 했습니다.

1961년 노벨화학상-왜 캘빈만 수상?

1961년, 스웨덴 왕립과학원은 "14C를 이용한 광합성 탄소 고정 경로의 규명" 공로로 멜빈 캘빈 단독의 노벨화학상 수상을 발표했습니다. 하지만 당시 연구를 실제로 수행한 벤슨과 바섬의 이름은 빠져 있었죠. 이유는 단순했습니다. 당시 벤슨은 박사후연구원Postdoctoral Fellow, 바섬은 연구교수Research Chemist로, 둘 다 연구 책임자PI; Principal Investigator가 아니었기 때문입니다.

노벨상 규정상 수상 대상은 "연구의 지도자 혹은 책임자"로 한정되었기에, 캘빈만이 수상자로 선정된 것이었습니다. 이러한 관행은 지금까지 이어지고 있습니다. 대학원생이나 박사후연구원, 혹은 연구교수가 아무리 큰 기여를 했더라도 노벨상의 영예는 그 연구의 책임연구자, 즉 PI가 갖게 됩니다.

이에 대해 특히 벤슨이 크게 반발하였다고 합니다. 그는 항상 "나는 캘빈보다 더 많은 시간을 실험실에서 보냈고, C3 화합물을 처음 검출한 것도 나였다. 나는 메달을 받지 못했지만, 모든 중요한 발견들은 모두 내 실험 노트에 기록되어 있다"라고 회상하곤 했다고 합니다.

오늘날 학계에서는 세 사람 모두의 공헌을 인정하여, "Calvin-Benson-Bassham~CBB~ 회로 혹은 캘빈-벤슨 회로"라는 이름으로 통칭합니다. 이제 교과서에서도 두 사람 혹은 세 사람의 이름이 함께 표기되며, 벤슨이 빠진 노벨상은 대표적인 "제도적 불공정의 사례"로 종종

언급됩니다.

　“캘빈이 길을 열었고, 벤슨이 그 길을 걸었으며, 바섬이 그 길의 지도
를 완성했다.”

　과학사학자인 게스텔란트R. Gesteland는 이렇게 평가하고 있습니다.
그러나 여전히 공정성 시비는 현재진행형이며, 이에 대한 해답이 딱히
있을지는 의문입니다.

32

'루비스코'는
두 가지 문제점이 있다

캘빈–벤슨–바섬 회로를 움직이는 핵심 효소가 바로 **루비스코** RuBisCO, Ribulose-1,5-bisphosphate carboxylase/oxygenase입니다. 이 효소는 식물의 광합성에서 이산화탄소를 고정하는 첫 단계의 주인공이지만, 아이러니하게도 지구에서 가장 느리고 비효율적인 효소로도 유명하지요.

첫 번째 문제-지나치게 느린 속도

루비스코는 효소치고는 반응 속도가 매우 느립니다. 하나의 루비스코 분지가 이산화탄소를 고정하는 속도는 **초당 약 2~3회**에 불과합니다. 대부분의 효소가 초당 수백 회에서 수천 회의 반응을 촉매한다는 점을 생각하면 거의 꼴찌 수준이지요.

일반적인 생체 내 효소의 반응 속도는 초당 수백 회에서 수천 회입니다. 이처럼 느린 속도를 보완하기 위해 식물은 잎 속에 엄청난 양의 루비스코 단백질을 채워 넣습니다. 실제로 잎 전체 단백질의 20% 이상이 루비스코이며, 지구 전체 생물 질량을 고려하면 **루비스코는 지구상에서 가장 많은 단백질**로 꼽힙니다.

"느리지만, 많다."

이것이 식물이 루비스코를 이용하는 식물의 **진화적 절충**evolutionary trade-off입니다.

두 번째 문제-산소와의 '혼동 반응'

루비스코는 이름에서도 알 수 있듯, '카복실레이즈carboxylase'이면서 동시에 '옥시게네이즈oxygenase'이기도 합니다. 즉, **이산화탄소 대신 산소** O_2와 반응할 수 있다는 뜻이지요.

공기 중 산소의 농도는 약 20%, 이산화탄소는 고작 0.03%에 불과합니다. 평상시에는 루비스코가 CO_2를 우선으로 고정하지만, 광합성이 활발하게 일어나는 한낮에는 잎 속의 CO_2가 빠르게 소모되고, 빛 의존적 반응(명반응)으로 인해 O_2 농도가 높아집니다.

이때 루비스코는 산소와 헷갈려 반응하게 되고, 그 결과 탄소를 고정하는 대신 이미 고정된 탄소를 다시 이산화탄소로 방출하는 불필요한 대사 과정을 거치게 됩니다. 이 과정을 광호흡photorespiration 이라고 합니다.

광호흡은 탄소를 소모하면서 에너지를 낭비하게 만들어 광합성 효율을 최대 30% 이상 떨어뜨리는 주요 원인이 됩니다.

"루비스코는 진화가 남긴 불완전한 유산이다."

– W. Heldt, Plant Biochemistry

말하자면, 이는 루비스코가 지닌 진화적 상충관계evolutionary trade-off 의 결과입니다. CO_2에 높은 특이성을 유지하려면 반응 속도가 느려지고, 속도를 높이면 산소와의 혼동이 커지는…. 그 절충의 산물이 바로 지금의 루비스코입니다.

C_4 식물의 혁신; 비효율의 극복

루비스코의 이린 단점을 보완하기 위해 진화한 식물이 바로 C_4 식물입니다. 옥수수, 사탕수수, 기장, 수수 등이 대표적이지요.

이 식물들은 잎의 기공을 통해 들어온 CO_2를 루비스코 대신 'PEP 카복실레이즈PEP carboxylase'라는 효소로 먼저 고정합니다. 이 효소는 산소

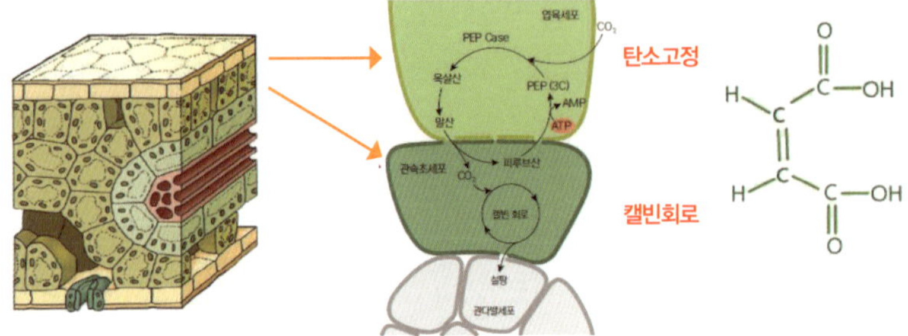

그림 46. C₄ 식물의 구조(크란츠 구조)와 C₄ 대사

와 반응하지 않기 때문에 이산화탄소를 더욱 효율적으로 C_4 화합물(말산 등)에 고정할 수 있습니다.

이 C_4 화합물은 잎의 유관속초 세포로 운반되어, 그곳에서 CO_2가 다시 방출되며 루비스코가 작동합니다(그림 46). 이 덕분에 루비스코는 높은 농도의 CO_2 환경에서 혼동 없이 캘빈–벤슨 회로를 효율적으로 수행할 수 있습니다.

그 결과, C_4 식물은 같은 환경에서도 C_3 식물보다 훨씬 빠르게 성장하고, 광합성 효율과 생산성도 뛰어납니다. 이 원리 덕분에 옥수수는 벼보다 빨리 자라고, 사탕수수는 더 많은 당을 생산할 수 있는 거지요.

33

선인장도
C_4 대사를 하나요?

C_4 식물들은 주로 햇볕이 강하고 온도가 높은 아열대 지역에서 진화했습니다. 그렇다면 사막의 극단적 환경에 사는 선인장CAM 식물은 어떨까요?

선인장도 일종의 C_4 대사를 하지만, 그 방식은 크라슐라산 대사CAM; Crassulacean Acid Metabolism라고 불립니다. C_4 식물처럼 공간적으로 분리된 대사가 아니라, **시간적으로 분리**된 형태라는 점이 다릅니다. 즉, CAM 식물은 낮에는 기공을 닫고, 밤에 기공을 열어 CO_2를 흡수해 C_4 화합물(말산)을 만들어 저장합니다.

그리고 낮 동안 저장된 말산에서 CO_2를 방출하여 그때 캘빈-벤슨 회로를 돌립니다. 수분 손실을 최소화하면서도 광합성을 이어가는 사막 식물들의 생존 전략이지요.

왜 모든 식물이 C_4대사를 채택하지 않았을까?

현재 지구상 식물 중 C_4식물은 약 3%밖에 되지 않으며, 생물 총량으로 봤을 때도 식물의 5%에 지나지 않습니다. 그러나 이들이 전체 광합성 생산량의 20~25% 이상을 만들어 냅니다. 같은 면적에서 C_4 식물은 C_3 식물보다 4배 가까운 생산 효율을 보이는 셈이지요.

C_4 대사가 매우 효율적이라면, "C_3 식물에 C_4대사를 인위적으로 도입하면 작물 생산성이 증가하지 않을까?" 하는 시도가 실제로 1990년대부터 진행되었습니다. 그러나 유전공학을 이용하여 C_4 효소를 도입한 C_3 작물들은 생산성이 오히려 더 낮았습니다.

진화생물학자들은 그 이유를 이렇게 설명합니다. 첫째, 만약 그것이 효율적이었다면 이미 진화적으로 나타났을 것입니다. 둘째, 광호흡 자체가 진화적으로 이득이 있었기 때문입니다.

대낮의 강한 햇빛 아래에서 식물 세포는 과도한 에너지와 활성산소 종ROS을 만들어 냅니다. 광호흡은 이 활성산소를 제거하고, 세포를 산화 손상으로부터 보호하는 안전벨트 역할을 합니다. 결국, 루비스코의 비효율은 진화적 절충의 산물이며 광호흡은 생존을 위한 '필요한 낭비'였던 셈입니다.

34

식물은 인류와 함께
진화했다

식물이 인간에게 얼마나 유용한 존재인지는 새삼 말할 필요도 없습니다. 우리는 식물의 열매를 먹고, 그 섬유로 옷을 만들며, 그늘에서 쉼을 얻습니다. 하지만 더 놀라운 건, 인류가 식물을 길들이며 함께 진화해 왔다는 사실이지요. 식물이 우리에게 맞춰 변하고, 우리는 그 변화를 다시 선택하며 새로운 문명을 쌓아 올렸습니다.

문명의 씨앗, '비옥한 초승달 지역'

'비옥한 초승달 지역Fertile Crescent'이라는 이름을 들어본 적 있을 겁니다. 학교에서 "문명의 발상지"로 배웠던 바로 그곳이지요.

지중해 동부에서 이집트, 이스라엘, 레바논, 요르단, 이라크, 이란에 이르는 넓은 띠 모양의 지역, 티그리스강과 유프라테스강, 그리고 나일

강 하류가 만들어 낸 풍요로운 삼각주가 자리한 곳입니다.

이 지역은 인류사에서 특별합니다. 토양이 비옥할 뿐 아니라, 기후대가 온화하여 **아주 다양한 식물 종이 공존하던 생명의 교차로**였거든요.

미국의 학자 재러드 다이아몬드Jared M. Diamond는 그의 저서《총균쇠Guns, Germs, and Steel》에서 "농업이 인류 문명을 가능케 한 최초의 혁명이며, 그 출발점이 바로 이곳이었다"고 말합니다.

여덟 종의 식물이 바꾼 세상

약 1만 년 전, 비옥한 초승달 지역의 사람들이 야생 식물 중에서 특별히 쓸모 있는 종을 골라내기 시작했습니다. 그 결과, 밀·에머밀·보리·아마·병아리콩·렌틸콩·콩·살갈퀴 등 여덟 종의 식물이 인간과의 공생의 길에 들어서게 됩니다.

이들은 단순히 '재배된 식물'이 아니라, 인간의 손에 의해 **유전적으로 선택되고 변화된 생명체**였습니다. 씨앗이 더 크고, 줄기가 곧고, 익는 시기가 일정한 개체들이 다음 세대로 이어지며 조금씩, 그러나 확실하게 인간의 요구에 맞춰 바뀌어 갔던 것이지요.

농업은 그렇게 시작되었습니다. 그리고 작물의 진화는 이제 인간의 손끝에서 이어지게 되었습니다.

녹색 혁명, 인류를 기아에서 구하다

놀랍게도 그 후 만 년 동안 농업의 생산성은 크게 늘지 않았습니다. 하지만 1960년대, 세상을 바꾼 거대한 변화가 찾아왔습니다. 바로 '녹색 혁명Green Revolution'입니다. 단 10여 년 만에 작물의 수확량이 두 배에서 여섯 배까지 늘어났습니다.

인류는 역사상 처음으로, 절대적 기아에서 벗어날 희망을 보았죠. 이 혁명은 두 가지의 결합에서 비롯되었습니다.

첫째, **농업 환경의 변화**; 관개 기술의 비약적 발전으로 식물은 필요한 시기에 충분한 물을 공급받을 수 있게 되었습니다.

둘째, **품종 개량의 혁신**; 빠르게 성장하고, 비료를 효율적으로 흡수하며, 병충해에 강한 품종이 등장했습니다.

이 두 요소가 정교하게 맞물리며 농업은 '산업'이자 '과학'으로 거듭났습니다.

화학비료의 힘과 그림자,
그리고 품종 개량의 구원

20세기 초, 독일의 과학자 프리츠 하버Fritz Haber와 카를 보슈Carl Bosch는 인류사의 흐름을 바꾼 화학 반응을 세상에 내놓았습니다. 공기 중 질소를 암모니아로 전환하는 **하버-보슈 공정**Haber-Bosch process, 이 기술은 지구 대기의 78%를 차지하는 질소를 '먹을 수 있는 형태'로 바꿔주었습니다.

그야말로 기적이었습니다. 이 기술 덕분에 인류는 대규모로 질소 비료를 생산할 수 있게 되었고, 식물의 생산성은 폭발적으로 증가했습니다. 한때 굶주림의 상징이었던 지역들에서 곡식이 넘쳐나기 시작했고, 세계 곳곳의 논밭이 '녹색의 바다'로 변했습니다.

그러나 모든 혁명에는 그림자가 있지요. 비료가 너무 풍부해지자, 식물들은 지나치게 빠른 속도로 자라기 시작했습니다. 비료 속의 영양분이 곡식의 낟알보다 줄기와 잎으로 더 많이 가버렸던 겁니다.

그 결과, 식물의 키는 부쩍 커졌고, 보기에는 푸르고 건강해 보였지만, 조금만 비가 오거나 바람이 불어도 곧잘 쓰러져 버렸습니다. 곡식들이 물에 잠겨 썩어버리자, 수확량은 기대만큼 늘지 않았습니다. 비료의 혁명이 곧 넘침의 역설을 낳은 셈입니다.

품종 개량으로 농업 환경의 역기능을 막다

이 문제를 근본적으로 해결하기 위해 과학자들은 식물의 형질 자체를 바꾸는 일, 즉 품종 개량에 나섰습니다. 그 중심에 선 인물이 바로 노만 볼로그Norman Borlaug, 1914~2009입니다.

'녹색 혁명의 아버지'라 불리는 그는 식물학자이자 농업 구원자였습니다. 1970년, 그는 인류의 기아를 극복한 공로로 노벨 평화상을 받게 되지요.

볼로그는 원래 미국 미네소타 대학에서 임학을 공부하다가 대학원에서 식물병리학으로 전공을 바꿨습니다.

당시 미국의 고수확 밀 품종들은 하나같이 곰팡이 녹병rust disease에 취약했습니다. 그는 이 문제를 해결하기 위해 록펠러 재단의 지원을 받아 멕시코의 산간 지역으로 떠납니다. 거기서 그는 마침내 녹병에 강한 멕시코 토종 밀 품종을 찾아냅니다. 볼로그는 이 품종을 미국의 고수확 밀과 교배시켜, 녹병에도 강하면서 수확량이 많은 밀을 얻었습니다.

하지만 또 다른 문제가 남아 있었습니다. 새 품종은 키가 너무 컸던 겁니다. 비료가 풍부한 환경에서 키만 자라다 보니, 무게를 견디지 못하고 쉽게 쓰러졌습니다. 그때 그에게 전해진 소식 한 줄, "일본에는 키가 아주 작은 밀 품종이 있다더군요."

그 품종의 이름이 바로 '노린 10Norin 10'이었습니다. 흥미롭게도, 이 품종의 뿌리는 일본이 임진왜란 때 한반도에서 가져간 작은 키의 우리나라 토종 밀에 있습니다.

역사의 우연이 세계 농업을 구한 셈이지요. 볼로그는 이 '노린 10'을 미국 밀과 교배했습니다. 결과는 놀라웠습니다.

새로운 밀은 녹병에도 강하고, 키도 작아 쓰러지지 않았으며, 비료의 영양분이 낟알로 집중되는 품종으로 거듭났습니다. 멕시코는 곧 밀 수입국에서 밀 수출국으로 변했습니다. 그리고 그 변화는 인도와 파키스탄, 동남아시아, 아프리카로 퍼져나갔습니다.

녹색 혁명은 그렇게, 비료의 과잉이 낳은 문제를 품종 개량으로 선순환시킨 역사적 사건이 되었습니다. 인류를 처음으로 절대적 기아로부터 해방시킨 인류사적 사건이기도 합니다.

GMO,
제2의 녹색 혁명인가

녹색 혁명 이후, 한동안 인류의 밥상은 풍요로웠습니다. 하지만 세월이 흐르자, 생산성의 증가세가 멈추었습니다. 비료와 품종 개량만으로는 더 이상 수확량을 늘릴 수 없었던 겁니다. 지구 인구는 폭발적으로 늘어나는데, 농업의 한계는 눈앞에 다가왔습니다. 그때, 과학은 또 한 번의 문을 열었습니다.

1990년대 후반, 세상을 떠들썩하게 만든 단어, GMO Genetically Modified Organism, 즉 '유전자 변형 작물'이 등장한 것입니다.

플라버 세이버, 쉽게 무르지 않는 토마토

GMO의 시작은 다소 간단한 아이디어에서 출발했습니다. 1994년, 미국의 생명공학 기업 칼젠 Calgene 은 플라버 세이버 Flavr Savr 라는 신품종

토마토를 세상에 내놓았습니다. 이 토마토는 익어도 쉽게 물러지지 않습니다.

원리는 간단하지만 놀라웠습니다. 토마토가 익을 때 활성화되는 '후숙 효소'를 조절하는 유전자를 변형시켜 익는 속도를 늦춘 것이죠. 덕분에 수확 후 운송이나 저장 과정에서도 상하지 않고 신선한 상태로 오래 보관할 수 있었습니다.

비록 상업적으로는 큰 성공을 거두지 못했지만, 이 작물이 바로 인류 최초의 상업용 GMO 작물이었습니다. 그 상징적인 출발점이 훗날 거대한 변화를 예고한 셈이지요.

유전자의 재조합, 생명의 문장을 편집하다

GMO 기술의 원리는 의외로 단순합니다. 기존 생명체의 유전자를 복사해, 다른 생명체의 DNA 속으로 옮겨 넣는 것이죠.

이 방식은 사실 의학에서 먼저 등장했습니다. 대장균의 플라스미드plasmid, 염색체와는 별개로 세포 안에서 독립적으로 존재하며 증식할 수 있는 작은 DNA 조각에 인간 인슐린 유전자를 집어넣어 대장균이 인슐린을 생산하도록 만든 것입니다.

이 기술로 인류는 인슐린을 무제한 생산할 수 있게 되었고, 당뇨병 치료의 새 시대가 열렸습니다.

같은 원리가 농업에도 적용되었습니다. 이번엔 대장균 대신 토양세균인 **아그로박테리움**Agrobacterium tumefaciens이 등장했습니다.

이 세균은 원래 식물에 감염하여 자기 DNA를 식물 유전체 속에 삽입하는 성질이 있습니다. 과학자들은 이 특성을 이용했습니다. 세균의 플라스미드에 '유용한 유전자'를 넣고, 그 세균이 식물을 감염케 하면, 식물의 염색체에 이 유전자가 삽입되어 들어오게 되는 것입니다.

이렇게 만들어진 세포를 배양하면, 결국 완전한 '유전자 변형 식물', 즉 GMO 작물이 만들어지게 됩니다.

GMO, 식량 위기의 대안으로

이 기술로 탄생한 작물들은 다양했습니다. 병충해에 강한 옥수수와 콩, 잡초제에 견디는 유채(카놀라), 섬유 품질이 개선된 면화까지 오늘날 우리가 사용하는 많은 농작물이 GMO 기술에 의해 개량되었습니다.

GMO는 세계 식량난의 대안으로 주목받았습니다. 가뭄에도 견디고, 병에도 강하고, 수확량도 많은 작물. 환경이 급격히 변하는 시대, 이들은 '제2의 녹색 혁명'으로 불렸습니다.

그러나 과학의 진보는 언제나 논란과 함께 옵니다. 문제는 '먹는 것' 이었습니다. 1990년대 말, 유럽 시장에 GMO 식품이 들어오자, 환경단체와 소비자 단체들이 강하게 반발했습니다.

"자연을 조작한 음식이 과연 안전한가?"

"유전자가 바뀐 식물이 생태계를 교란하지는 않을까?"

이 논란은 곧 전 세계로 번졌습니다. 한국에서도 2003년부터 '유전자 변형 식품 표시제'가 시행되어 GMO 식품은 반드시 표시하도록 법으로 정해졌습니다. 소비자들은 GMO에 대해 점점 신중해졌고, 현재 시중에서 GMO를 직접 식품 형태로 섭취할 수는 없습니다.

하지만 우리가 사용하는 식용유나 가공식품의 상당수는 이미 GMO 자물에서 추출된 성분으로 만들어지고 있습니다. 즉, 완전히 피하는 것도 현실적으로 어렵습니다.

지속 가능한 농업과 '제2의 혁명'을 향하여

GMO 기술은 찬반을 떠나, 분명 인류 농업의 한계를 넘기 위한 시도였습니다. 이제 과학자들은 단순히 수확량을 늘리는 것에서 한 걸음 더 나아가, 지속 가능한 농업sustainable agriculture을 향해 나아가고 있습니다.

GMO는 해로운가,
괜찮은가?

　GMO, 즉 유전자 변형 작물Genetically Modified Organism, 그 이름만 들어도 사람들 사이에서는 여전히 의견이 갈립니다.

　"유전자 조작 식품은 위험하지 않은가?"
　"우리 몸에 해롭지는 않을까?"

　과학의 언어로 설명하기 전에, 감정의 언어가 먼저 움직이는 주제이기도 하지요.

　그런데 2015년, 이런 논란에 흥미로운 반전이 일어납니다. 세계적 학술지 《PNAS》에 실린 한 논문이 이렇게 보고했습니다.

　"지금 우리가 먹는 고구마는 자연 발생적 GMO다."

놀랍게도, 우리가 수천 년 전부터 먹어온 고구마의 유전체를 분석해 보니 모든 품종에서 아그로박테리아Agrobacterium라는 토양세균의 T-DNA 조각이 발견된 겁니다. 이 T-DNA는 세균이 식물 세포 속으로 자기 유전자를 삽입할 때 남기는 흔적이지요.

아마 1만 년 전쯤, 인류가 고구마를 재배하던 시기, 어떤 야생 고구마가 우연히 아그로박테리아에 감염되었고, 그 결과 생긴 유전적 변화가 재배에 유리한 형질을 만들어 냈을 겁니다. 인간은 그 변화를 '맛있다', '잘 자란다'는 이유로 선택했고, 그 후손이 오늘날 우리가 먹는 모든 고구마로 이어졌습니다. 즉, 인류는 자연이 만든 최초의 GMO를 이미 수천 년 전부터 먹고 있었던 셈입니다.

GE 기술의 등장;
GMO를 넘어 '자연에 더 가까운 개량'으로

GMO 기술이 외래 유전자를 도입하는 방식이라면, 최근 주목받는 새로운 접근은 GEGenome Engineering, 즉 유전체 개량 기술입니다.

이 기술은 외부의 유전자를 넣는 대신, 식물 고유의 유전자를 미세하게 조정하여 새로운 형질을 만들어 냅니다. 그 중심에 있는 것이 바로 '크리스퍼CRISPR' 유전자 가위 기술입니다.

이 기술은 유전자의 일부를 잘라내거나 바꾸는 정밀한 도구로, 자연적으로 일어나는 돌연변이와 구별할 수 없는 미세한 변화를 만듭니다. 그래서 일본과 미국에서는 GE 기술로 개량된 작물을 'GMO로 분류하지 않는다'고 규정했습니다. PCR 검사로 GMO를 구분할 수는 있지만, GE 기술로 만들어진 작물은 자연 돌연변이와 과학적으로 구별 불가능하기 때문입니다.

결국 GE 기술은 "자연에 가까운 유전적 개량"을 목표로 하는 셈이지요. 일본은 이를 적극적으로 농업에 도입했고, 미국도 "표기 의무가 필요 없는 안전한 신기술"로 받아들이고 있습니다.

식량 위기 시대의 선택

왜 인류는 이토록 유전자 개량에 집착할까요? 그 이유는 단 하나, 식량 위기 때문입니다.

기후 변화로 농업 가능 면적이 줄어들고, 전 세계 인구는 이미 80억 명을 넘어섰습니다. 앞으로 수십 년 안에 인류가 직면할 최대의 도전은 **지속 가능한 식량 생산**이 될 것입니다.

식량은 단순한 생존의 문제가 아닙니다. 국가 산 분쟁에서 '식량 무기'라는 단어가 등장하는 이유도 여기에 있습니다. 곡물의 수출과 수입이 막히면, 석유 파동이나 요소수 대란보다 훨씬 거대한 파급력을 가진 위기가 닥쳐올 수 있습니다.

그래서 인류는 두 갈래 길 위에 서 있습니다. 하나는 유전공학을 통한 식량 증산의 길, 다른 하나는 곤충 단백질이나 대체식품 같은 새로운 식량 자원을 찾아 나서는 길입니다. 실제로 곤충은 단백질 함량이 높고, 지구상에 1,000만 종 이상이 존재하는 '잠재적 식량 자원'이기도 합니다.

결국 농업의 역사는 위기를 예견하고, 과학으로 대비하는 서사였습니다. 그리고 지금, 그 서사는 다시 유전자의 세계를 향하고 있습니다.

유전자 편집과 미래의 작물

GMO가 인류의 첫 번째 '유전공학적 혁명'이었다면, 지금은 그보다 한층 정교한 두 번째 혁명, 즉 유전체 교정genome editing의 시대가 열리고 있습니다.

GMO가 외래 유전자를 삽입하여 생명체의 성질을 바꿨다면, 유전체 교정은 생명체 자기 유전자를 다듬는 기술입니다. 마치 책의 문장을 고치듯, 이미 존재하는 유전자 일부를 '지우거나', '교체하거나', '조금 다르게 표현되도록' 조절하는 것이죠.

크리스퍼의 등장; 생명의 문장을 고치는 펜

2012년, 미국의 제니퍼 다우드나Jennifer Doudna와 프랑스의 에마뉘엘 샤르팡티에Emmanuelle Charpentier는 한 가지 단순하지만, 놀라운 원리를

그림 47. CRISPR-Cas 9 기술을 개발한 샤르팡티에와 다우드나 박사(가운데 2인)

세상에 공개했습니다(그림 47). 세균이 바이러스의 유전자를 기억하고 제거하기 위해 사용하는 CRISPR-Cas 9 시스템을 인공적으로 응용할 수 있다는 사실이었습니다.

이 기술은 생명공학의 판도를 완전히 바꾸어 놓았습니다. 원하는 유전자를 정확히 찾아가 '가위처럼 잘라내고', 필요하면 그 자리에 새로운 염기서열을 '붙여 넣는' 일이 가능해진 것입니다. 그 정밀도는 이전의 GMO 기술과는 비교가 되지 않을 정도였습니다. GMO가 대형 굴착기라면, 크리스퍼는 생명의 나노 펜인 셈입니다.

미래 작물의 새로운 세대

이제 과학자들은 이 기술을 이용해 기후 위기에 강한 작물, 병충해 저항성 작물, 영양소 강화 작물을 만들어 내고 있습니다.

예를 들어, 벼의 유전자 일부를 조절하여 가뭄과 염분에도 잘 견디는 품종이 개발되고, 밀에서는 글루텐 알레르기를 유발하는 단백질을 줄이는 연구가 진행 중입니다.

또한 바나나처럼 한 가지 품종이 전 세계에 널리 재배되면서 유전적으로 단일화되어 병에 취약해진 작물들에 대해서도 유전체 교정으로 병 저항성을 부여해 멸종의 위기로부터 구하는 연구들이 이어지고 있습니다.

진화의 주도권을 쥔 인류

과거엔 환경이 진화의 방향을 결정했지만, 이제는 인류가 직접 진화를 설계하는 시대가 되었습니다. 식물이 인간에게 적응하던 시대에서, 이제 인간이 식물의 유전자를 설계하며 함께 미래를 만들어 가는 시대인 것이죠. 물론 여전히 논란은 남아 있습니다.

자연의 법칙을 인간이 어디까지 건드릴 수 있는가? 혹은 유전자의 수정이 생태계 전체에 어떤 파장을 일으킬까? 와 같은 질문들은 오랫동안 논쟁의 대상이 될 것입니다. 하지만 분명한 것은, 유전자 편집 기술이 더 안전하고 정밀한 형태로 발전하며, 지속 가능한 농업과 인류 생존의 해법을 제시하고 있다는 점입니다.

제2의 녹색 혁명, 그리고 그 너머

이제 농업의 목표는 그저 더 많이 수확하는 것이 아닐 것입니다. 지구와의 공존, 생태계의 회복력, 미래 세대의 식탁, 이 세 가지를 동시에 지켜내야 하는 시대가 온 것이지요. 유전체 교정 작불은 단지 '기술의 산물'이 아니라, 기후 변화와 인류 생존의 균형을 맞추려는 새로운 진화의 도전장입니다. 첫 번째 농업혁명, 즉 녹색 혁명이 기아를 극복하게 했다면, 두 번째 농업혁명은 지구 생태계를 복원하고 녹색 지구를 되살리는 것이어야 합니다.

식물은 언제나 인류의 편이었습니다. 이제 우리의 손끝이 다시 그들의 유전자를 다듬으며, 지구의 다음 장을 써 내려가고 있습니다.

맺는말

2025년 가을 서귀포 부영호텔에서 열린 분자세포생물학회 정기학술대회 기간 중의 일이다. 학회 기간 내내 아침 조식을 같은 호텔 1층 뷔페 레스토랑에서 하게 되었는데, 셋째 날 아침 우연히 당시 학회장이던 단국대 생물학과 여선주 교수와 같은 자리에 앉게 되었다. 식사를 하며 이런저런 이야기를 나누다가 현재 정리 중인 이 책《식물의 시간은 천천히 흐른다》의 구상을 간단히 소개하게 되었다.

내 이야기를 듣던 여선주 학회장은 잠시 생각하더니, "아하, 그러니까 식물과 동물이 어쩌다가 같은 지구라는 행성에 함께 살게 되었지만, 실제로는 서로 다른 차원의 세계를 살아가는 생명체라는 말씀이군요!"라고 책의 핵심 내용을 한 문장으로 요약하는 것 아닌가. 역시 국내 최대 규모 학회의 학회장답다는 생각이 들었다.

마침 자리에 뒤늦게 합석한 서강대 이병하 교수 역시 식물 스트레스 연구를 오래 해온 분자생물학자이자 식물생리학자로서, 식물의 독특한 생물학적 특성에 대해 말을 거들었고, 그렇게 아침 식사 자리가 유쾌한

'생물 철학' 논단의 자리가 되었다. 이때의 흐뭇한 기억이 서둘러 이 책을 완성하게 했다.

우리와는 다른 차원의 세계를 살아가는 식물을 제대로 소개하고 싶다는 조바심이 들었다고 해야 할까! 알면 사랑하게 된다는 말처럼, 이 책을 통해 식물에 대한 우리의 이해와 애정이 조금 더 깊어지기를 바란다.

이 글은 2023년 8월에서 9월에 걸쳐 진행된 EBS CLASS-e 강연이 계기가 되었다. 이 강연을 유튜브로 시청한 초봄책방에서 "이 내용은 일회성으로 흘려보내기에는 아깝다"며 책으로 엮자고 제안해 주셨다. 이에 독자들이 크게 공감할 주제를 뽑아 원고를 새로 썼다. 출간을 제안해 준 초봄책방 김민호 사장님께 깊이 감사드린다. 그 진심 어린 조언과 신념이 이 책이 세상에 나오게 된 결정적인 계기가 되었다. 또한, 집필 과정 전반에서 성실한 편집과 세심한 조율로 완성도를 높여주신 조성일 기획위원님께도 감사의 마음을 전한다. 두 분의 전문성과 헌신이 이 책의 완성에 큰 힘이 되었다.

마지막으로, 늘 곁에서 묵묵히 힘이 되어준 이양희 여사에게 깊은 감사를 전한다. 그리고 2025년 6월, 이 세상에 태어나 삶의 빛과 소금이 되어준 손녀딸 주아에게 이 글을 바친다.

식물의 시간은 천천히 흐른다

이일하 교수의 아주 특별한 식물학 에세이

초판 1쇄 발행 2026년 3월 31일

글 이일하
총괄진행 김민호 | **편집** 만만필 | **디자인** 이선영
종이 다올페이퍼 | **제작** 명지북프린팅

펴낸곳 초봄책방
출판등록 제2022-000040호
주소 경기도 파주시 가온로 205, 717-703
전화 070-8860-0824 | **팩스** 031-624-8894
이메일 chobombooks@hanmail.net
인스타그램 @paperback_chobom

ⓒ 이일하, 2026
ISBN 979-11-94847-05-2(03480)